Agricultures tropicales en poche
Directeur de la collection
Philippe Lhoste

Le palmier à huile

Jean-Charles Jacquemard

Avec la collaboration de : André Berthaud, Jean Ollivier,
Laurence Ollivier, Aude Verwilghen, Jean Graille
et Hubert de Franqueville

Éditions Quæ, CTA, Presses agronomiques de Gembloux

Le Centre technique de coopération agricole et rurale (CTA) est une institution internationale conjointe des États du Groupe ACP (Afrique, Caraïbes, Pacifique) et de l'Union européenne (UE). Il intervient dans les pays ACP pour améliorer la sécurité alimentaire et nutritionnelle, accroître la prospérité dans les zones rurales et garantir une bonne gestion des ressources naturelles. Il facilite l'accès à l'information et aux connaissances, favorise l'élaboration des politiques agricoles dans la concertation et renforce les capacités des institutions et communautés concernées.

Le CTA opère dans le cadre de l'Accord de Cotonou et est financé par l'UE.

CTA, Postbus 380, 6700 AJ Wageningen, Pays-Bas
www.cta.int

Éditions Quæ, RD 10, 78026 Versailles Cedex, France
www.quae.com

Presses agronomiques de Gembloux, Passage des Déportés, 2,
B-5030 Gembloux, Belgique
www.pressesagro.be

© Quæ, CTA, Presses agronomiques de Gembloux 2011

ISBN (Quæ) : 978-2-7592-1678-9
ISBN (CTA) : 978-92-9081-480-1
ISBN (PAG) : 978-2-87016-115-9
ISSN : 1778-6568

Table des matières

Avant-propos 5
Remerciements 7

1. Le secteur du palmier à huile à l'aube du XXIᵉ siècle 9
Pays producteurs 9
Pays consommateurs 10
Marché des produits du palmier à huile 10

2. Le palmier à huile et le développement durable 15
Pratiques agronomiques déjà utilisées jusqu'en 2000 16
Initiatives pour un développement durable du palmier à huile 16

3. La plante et son milieu 21
Présentation générale 21
Caractéristiques agronomiques 22
Morphologie de l'arbre adulte 22
Biologie 28
Milieu naturel 30
Facteurs de production 34

4. La nutrition minérale du palmier 39
Niveaux des éléments minéraux observés et niveaux de carence visuelle 39
Pilotage de la fertilisation 39
Éléments majeurs 42
Éléments mineurs 48

5. Les études préliminaires à un projet de plantation 51
Impact environnemental 51
Impact social 52
Impact économique 53
Plan d'affaires 54

6. Le matériel végétal, une clé du développement durable 55
Création variétale 55
Sortie variétale 59
Valeur du matériel végétal obtenu 63

7. Le choix des terrains 67
Études et cartographie des terrains 67
Caractérisation des sols 70

8. La mise en place d'une palmeraie 77
Infrastructures 77
Piquetage 79

Préparation du terrain 82
Préparation du matériel végétal 89
Mise en place des plants. 111
Récapitulation de quelques temps de travaux. 113

9. L'exploitation de la palmeraie 115
Palmeraie immature 115
Palmeraie en rapport 123

10. La lutte intégrée contreles maladies et les ravageurs 145
Maladies. 145
Ravageurs. 152

11. La palmeraie et son environnement. 167
Biodiversité végétale et animale 167
Qualité et fertilité des sols 171
Qualité des eaux de surface et des nappes aquifères 174

12. Les huileries 177
Principes de fonctionnement et types d'huileries 178
Contrôle qualité en huilerie. 185
Récapitulatif des résidus et produits d'une huilerie 188
Produits 188
Sous-produits et effluents. 191
Dépollution 194

13. Les usages des produits et des sous-produits du palmier à huile 195
Utilisation des produits 195
Utilisation des sous-produits 198
Projets issus du protocole de Kyoto 201

14. La sécurité au travail et la santé des personnels. 203
Formation 203
Sécurité au travail 204
Santé des personnels. 209

15. L'huile de palme et la santé humaine. 213
Lipides 213
Huile de palme et santé 216

Glossaire. 221
Bibliographie. 227
Index 235

Avant-propos

La collection «Agricultures tropicales en poche» a été créée par un consortium comprenant le CTA de Wageningen (Pays-Bas), les Presses agronomiques de Gembloux (Belgique) et les éditions Quæ (France). Cette nouvelle collection, comme l'était celle qui l'a précédée («le Technicien d'Agriculture tropicale» chez Maisonneuve et Larose), est liée à la collection anglaise, «*The Tropical Agriculturist*», chez Macmillan (Royaume-Uni). Elle comprend trois séries d'ouvrages pratiques consacrés aux productions animales, aux productions végétales et aux questions transversales.

Ces guides pratiques sont destinés avant tout aux producteurs, aux techniciens et aux conseillers agricoles. Ils se révèlent également comme d'utiles sources de références pour les chercheurs, les cadres des services techniques, les étudiants de l'enseignement supérieur et les agents des programmes de développement rural.

Cet ouvrage est consacré au palmier à huile qui constitue la principale source de corps gras végétaux sur le marché mondial. C'est donc une culture très importante aux plans économiques et alimentaires dans les régions tropicales humides et particulièrement en Asie. Cette production fait aussi l'objet de questions et débats récurrents dans les domaines de l'environnement et de la nutrition, notamment. Cet ouvrage vient donc au bon moment pour aborder et informer objectivement les lecteurs sur ces questions d'actualité.

Dans cet ouvrage, l'auteur fournit au praticien les recommandations et informations nécessaires pour la mise en place et l'exploitation d'une palmeraie commerciale. Il présente, de façon claire et précise, les techniques adaptées au développement durable de cette culture en plantation, dans le respect de l'environnement et de la protection des personnels qui y travaillent.

L'auteur, Jean-Charles Jacquemard, est un spécialiste de cette culture à laquelle il a consacré toute sa carrière en recherche-développement sur le terrain dans différents pays d'Afrique et d'Asie. Il propose ici un ouvrage de référence complet, synthétique et tout à fait actualisé.

Philippe Lhoste,
Directeur de la collection Agricultures tropicales en poche

 # Remerciements

Je voudrais remercier les responsables du Cirad et de PT Socfindo pour m'avoir autorisé à me lancer dans l'aventure de ce livre et les Éditions Quæ, les Presses agronomiques de Gembloux et le CTA pour avoir accepté de le publier.

Je voudrais ensuite remercier les collègues qui ont bien voulu apporter leur précieux concours à la réalisation de cet ouvrage : André Berthaud, pour les chapitres 1 à 13 et le prêt de photographies ; Jean Ollivier, pour les chapitres 1, 3 et 4 ; Laurence Ollivier, pour le chapitre 10 et le prêt de photographies ; Aude Verwilghen, pour le chapitre 2 ; Jean Graille, pour le chapitre 15 ; Hubert de Franqueville pour le chapitre 10 et le prêt de photographies ; Dominique Mariau et Pablo Gallardo pour le prêt de photographies.

Que Bertrand Tailliez, qui a bien voulu faire une relecture attentive et technique du manuscrit, soit aussi associé à mes remerciements.

Merci aussi à Isabelle Guinet et Marie-Aline Jacquemard dont les relectures m'ont aidé à améliorer la compréhension et la lisibilité de l'ouvrage, que je souhaite accessible au plus grand nombre.

Que les éditrices Claire Parmentier, Claire Jourdan-Ruf, Martine Seguier-Guis, le directeur de la collection Agricultures tropicales en poche, Philippe Lhoste, ainsi que tous leurs collaborateurs soient également remerciés pour leur patience et le travail accompli dans la mise en forme finale de cet ouvrage.

Enfin, comment ne pas associer à ces remerciements mon épouse, Jeannine qui a accepté que je consacre aussi de nombreuses heures le soir, le week-end voire pendant nos vacances à mettre et remettre ce manuscrit sur le métier, pour son soutien constant ?

Jean-Charles Jacquemard

1. Le secteur du palmier à huile à l'aube du XXIᵉ siècle

En 2009-2010, la production mondiale d'huiles végétales commercialisées dépassait 138 millions de tonnes (MT), soit une croissance moyenne de 4,7 % pendant la dernière décennie (figure 1.1). Ces quantités ne prennent pas en compte la production autoconsommée. L'huile de palme occupe la première place avec 47,5 MT (33 %), devant l'huile de soja avec 37,9 MT (27 %). L'huile de colza se classe en troisième position avec 22,1 MT (16 %) précédant l'huile de tournesol avec 11,3 MT (8 %).

Il faut noter que plus de 45 % de la production mondiale d'huiles végétales comestibles provient d'Asie.

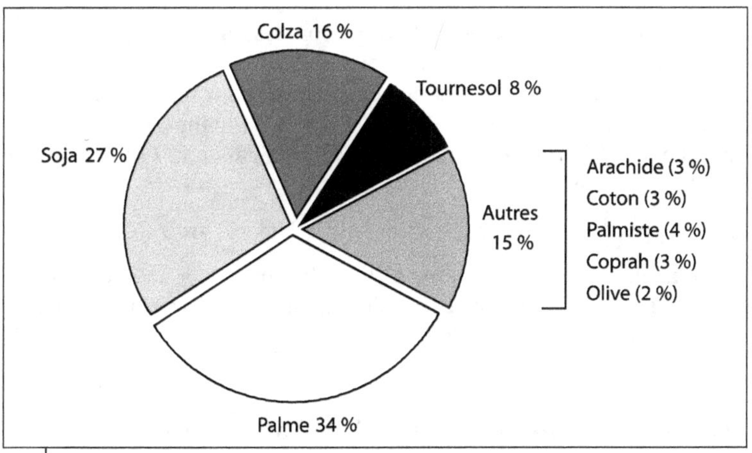

Figure 1.1.
La production mondiale d'huiles végétales en 2009-2010.

Pays producteurs

Les cinq principaux pays producteurs d'huile de palme en 2010-2011 sont l'Indonésie, la Malaisie, la Thaïlande, le Nigeria et la Colombie (tableau 1.1).

Les autres pays producteurs représentent 3,2 MT soit 6,7 % de la production mondiale (figure 1.2).

Tableau 1.1. Les cinq principaux pays producteurs en 2010-2011.

Pays	Production en 2010-2011	
	(millions de tonnes)	**(% de la production mondiale)**
Indonésie	23,60	49,70
Malaisie	18,00	37,80
Thaïlande	1,50	3,20
Nigeria	0,85	1,80
Colombie	0,82	1,70

Pays consommateurs

L'Asie continentale et l'Asie du Sud-Est sont les régions les plus grosses consommatrices d'huile de palme avec plus de 28,1 MT soit 59 % du total produit. Sept pays en consomment plus d'un million de tonnes par an : l'Inde (7,8 MT), la Chine (6,3 MT), l'Indonésie (5,7 MT), la Malaisie (3,6 MT), le Pakistan (2,2 MT), la Thaïlande (1,5 MT) et le Bangladesh (1 MT).

Le plus gros consommateur africain est le Nigeria avec 1,2 MT.

L'Union européenne a importé en 2010-2011 près de 5,2 MT d'huile de palme soit près de 21 % de ses besoins en huiles végétales dont environ 60 % pour un usage alimentaire.

Marché des produits du palmier à huile

Outre les usages alimentaires classiques comme huile de cuisine et huile de table dans les pays tropicaux, comme source de corps gras alimentaires dans les autres pays et en oléochimie (cosmétiques, savonnerie, lubrifiants, produits pharmaceutiques, agrochimie, etc.), de nouvelles filières de développement se sont récemment ouvertes.

Le fort rejet des huiles de colza ou de soja hydrogénées, sources d'acides gras « trans », par les consommateurs européens et l'obligation d'étiquetage aux États-Unis favorisent l'utilisation de l'huile de palme pour les

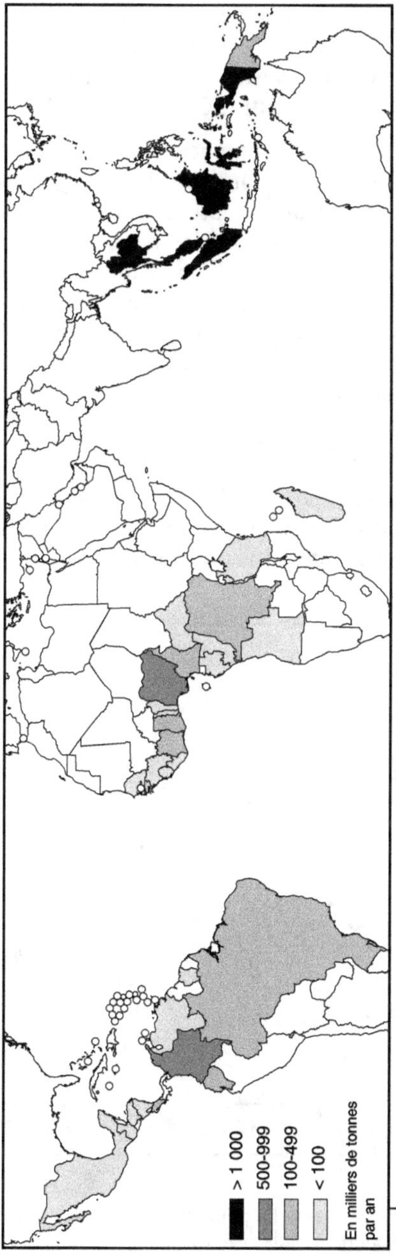

Figure 1.2.
Les pays producteurs d'huile de palme en 2010. Source USDA, FAOSTAT, Oilworld.

préparations alimentaires à base de corps gras concrets. Par exemple, l'anticipation de l'obligation de mentionner la présence d'acide gras «trans» dans les produits a entraîné le doublement des importations américaines d'huile de palme entre 2004-2005 et 2005-2006.

L'émergence d'une demande, non encore consolidée, pour des énergies vertes renouvelables, notamment le biodiesel, est aussi un facteur pouvant peser fortement sur le marché. En 2008, par exemple, on estime qu'environ un quart du volume des importations d'huile de palme en Europe, soit près d'un million de tonnes, est la conséquence directe de l'expansion de la demande pour la production énergétique. Les principaux pays producteurs comme l'Indonésie et la Malaisie ont comme objectif de réserver environ 10% de leur production pour leur marché énergétique intérieur. Néanmoins, la production de biodiesel via l'agro-industrie apparaît fortement décriée par les ONG environnementalistes.

Depuis plusieurs années, le prix de l'huile de palme sur le marché mondial, à l'instar d'autres matières premières éligibles à la transformation en biocarburant, est fortement lié à celui du pétrole brut (figure 1.3).

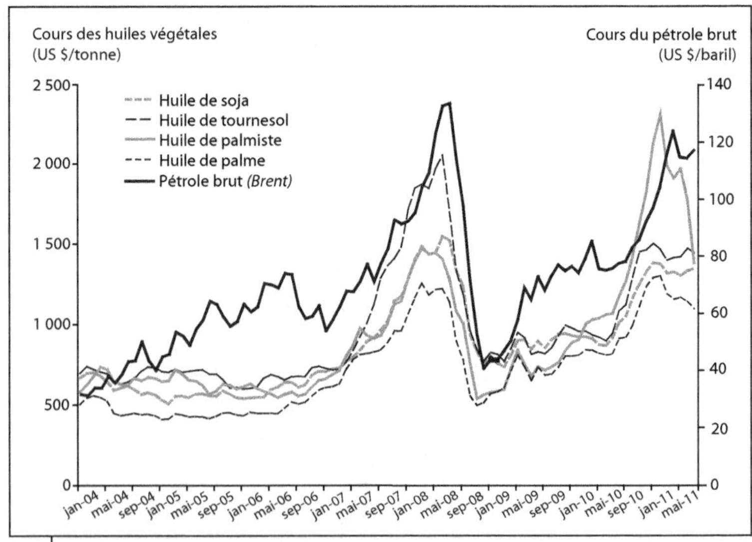

Figure 1.3.
Cours des huiles végétales et du pétrole brut de janvier 2004 à juillet 2011.
Sources : Comité national routier, séries conjoncturelles ; Oil World.

Le marché de l'huile de palme reste donc essentiellement l'usage alimentaire. L'examen de la consommation de corps gras végétaux par habitant et par an en est donc un bon indicateur (tableau 1.2).

Tableau 1.2. Consommation individuelle de corps gras selon les grandes régions du Monde.

Région	Consommation individuelle (kg/hab/an)		Croissance annuelle espérée (%)
	2005	**Prévision 2015**	
Asie et Pacifique	11,7	14,3	2,0
Pays développés (Europe, Amérique du Nord…)	24,7	28,7	1,5
Amérique du Sud	15,7	19,6	2,2
Afrique	7,8	8,5	0,9

À partir des chiffres de la population mondiale (tableau 1.3), la croissance moyenne mondiale de la consommation de corps gras pourrait être estimée à environ 1,77 % par an, soit un besoin d'environ 24 MT d'huiles végétales supplémentaires par an à l'horizon 2020.

Cela représente l'équivalent de 1,3 fois la production de 2007-2008 du premier pays producteur d'huile de palme.

Tableau 1.3. Population mondiale prévisible en 2015 et en 2020.

Régions	Population (millions d'individus)		
	2011	**2015**	**2020**
Afrique	1 010,7	1 084,5	1 215,0
Asie	4 148,2	4 370,5	4 600,0
Océanie	36,1	35,6	37,5
Amérique latine et Caraïbes	582,4	628,3	648,4
États-Unis et Canada	343,0	363,9	375,5
Europe	737,4	714,4	707,2
Total	6 453,6	7 197,2	7 583,6

D'après Perspectives de la population mondiale : révision de 2006-ST/ESA/SER.A./261/ES et www.populationdata.net).

L'impact sur les prix avait été considéré comme neutre dans les simulations car cet accroissement de la demande peut être aisément couvert par l'offre. Les récentes crises ont montré que des «émeutes de la faim», notamment dans les pays émergents, pouvaient facilement survenir en cas de tensions trop fortes sur les prix des denrées alimentaires. Il faut noter que si la consommation de corps gras par habitant est mature dans les pays développés et proche de la maturité en Amérique latine, la marge de progression est forte en Asie : une augmentation de 5 kg par habitant et par an de la consommation de corps gras, pour atteindre le standard sud-américain, représente un équivalent de 22 MT d'huiles végétales. Le développement économique de l'Asie ainsi que l'augmentation de la demande en biodiesels restent donc des facteurs importants de fermeté des prix et d'incertitude sur l'offre à moyen terme.

2. Le palmier à huile et le développement durable

Avec une croissance annuelle d'environ 8,5 % depuis les années 1970-1980, le palmier à huile a conquis la première place parmi les huiles et corps gras. Le centre de gravité de sa culture s'est déplacé de l'Afrique tropicale vers l'Asie du Sud-Est et son utilisation s'est mondialisée. Cette culture est soutenue par une croissance forte de la demande alimentaire et par l'émergence de nouveaux besoins comme, par exemple, les énergies renouvelables.

Les besoins en huile de palme pourraient augmenter au rythme de 2,8 % par an dans les prochaines décennies. La productivité du palmier à huile reste, et de loin, supérieure à celle de toutes les autres cultures oléagineuses. Les cultures oléagineuses européennes sont jusqu'à dix fois moins productives.

Depuis les années 1980, des campagnes de déstabilisation ont cherché à protéger les intérêts d'autres huiles végétales, se focalisant essentiellement sur des aspects nutritionnels. L'absence d'acides gras « trans », réputés nocifs pour la santé ainsi que l'absence de plantations à base d'organismes génétiquement modifiés sont vus de façon positive, mais les campagnes de communication restent focalisées sur la teneur en acides gras saturés et sur le lien supposé entre déforestation et extension de la culture en Asie du Sud-Est.

Actuellement, la croissance de l'offre d'huile de palme se fait plus par un accroissement des superficies plantées que par une augmentation des rendements à l'hectare. Aussi, depuis le début de ce millénaire, de nouvelles campagnes ont stigmatisé le palmier à huile et son industrie pour son rôle dans la destruction de la forêt tropicale humide ou des mangroves, contribuant à la disparition d'espèces animales menacées et d'une façon générale à la réduction de la biodiversité.

Le peu de considération portée aux droits et à la protection des travailleurs de l'agro-industrie et des communautés autochtones avait également été souligné.

Pratiques agronomiques déjà utilisées jusqu'en 2000

Bien que n'étant pas spécifiquement identifiées comme des pratiques de « développement durable », de nombreuses pratiques agricoles ou de modalités de création des plantations proposées par la recherche-développement en respectaient déjà l'esprit.

Nous pouvons citer par exemple :
- le choix des terrains à planter en fonction de leurs qualités agronomiques ;
- la lutte antiérosive et le maintien de la fertilité des sols par l'aménagement des terrains en pentes, l'andainage alterné, le semis de légumineuses et la couverture du sol avec les palmes coupées pour la récolte ou l'élagage ;
- la pratique de la fertilisation raisonnée fondée sur les résultats d'essais de référence et l'analyse des teneurs minérales foliaires de la plante ;
- le recyclage des déchets d'usinage comme sources de fertilisants ou d'énergie ;
- la lutte intégrée contre les populations de ravageurs faisant intervenir le contrôle des niveaux critiques des infestations.

D'autres pratiques sont apparues nettement moins favorables comme par exemple :
- la préférence donnée aux extensions sur forêt par rapport aux extensions sur jachère ;
- la mise en valeur des sols tourbeux profonds ;
- le passage d'engins lourds ou le défrichage par le feu pour la préparation des terrains de plantation ;
- la moindre importance accordée aux schémas globaux d'aménagement, au maintien de la biodiversité dans les plantations et à la gestion des polluants.

Initiatives pour un développement durable du palmier à huile

Depuis le début des années 2000, les consommateurs, notamment européens, demandent que l'utilisation d'huile de palme dans les produits qui leur sont proposés réponde à des critères encore plus affirmés de développement durable. Cette demande, relayée par des

organisations non gouvernementales (ONG) majeures, se fait de plus en plus pressante.

Ainsi, pas moins de huit initiatives avaient été lancées par différentes ONG pour attirer l'attention du secteur sur les problèmes rencontrés. Par ailleurs, des banques, des leaders mondiaux de la chaîne agro-alimentaire et des distributeurs le plus souvent associés à des ONG avaient commencé à proposer et à mettre en place des programmes leur permettant de répondre à la demande des consommateurs.

▌▶ L'initiative RSPO

Pour répondre à cette demande pressante des consommateurs, la Round Table for Sustainable Palm Oil (RSPO) a été formée en 2004. Son objectif est de promouvoir le développement et l'utilisation de produits d'un palmier à huile exploité selon des principes de développement durable répondant à des standards consensuels crédibles et un engagement de toute la chaîne de production et de commercialisation. Le siège de cette association est à Zurich (Suisse) et son secrétariat est basé à Kuala Lumpur (Malaisie). Les sept secteurs de l'industrie du palmier à huile sont représentés au sein de l'association : planteurs, usiniers, commerce international, manufacturiers, détaillants, banques et investisseurs, ONG environnementalistes et sociales. La recherche y est associée en tant que membre affilié. RSPO comptait dix membres fondateurs en 2004, et en avril 2011, 449 membres ordinaires, 49 membres associés et 89 membres affiliés dont le Cirad (Centre de coopération internationale en recherche agronomique pour le développement). Fin avril 2011, 26 compagnies avaient reçu leur certification RSPO dont 14 en Indonésie, 10 en Malaisie, une en Papouasie-Nouvelle Guinée et une en Colombie. La superficie concernée atteint 857 000 ha et la capacité de production de ces compagnies atteint 4,2 MT d'huile de palme et 1 MT d'huile de palmiste.

Il convient de noter que RSPO a entrepris les premières approches pour impliquer la Chine et l'Inde, pays importateurs majeurs d'huile de palme dans le processus.

Des normes, sous la forme de « Principes et Critères » pour la production d'huile de palme durable, ont été négociées entre les différentes parties prenantes, à travers l'implication de groupes d'experts et des consultations publiques. Les huit principes de base[1] sont les suivants :

---

[1] La version de référence de ces principes et critères est en langue anglaise. Elle est disponible sur le site www.rspo.org

- engagement de transparence ;
- respect des lois et règlements en vigueur ;
- engagement du maintien de la viabilité économique et financière à long terme ;
- utilisation des pratiques intégrées par les planteurs et les industriels ;
- responsabilité environnementale et conservation des ressources naturelles et de la biodiversité ;
- prise en compte responsable des besoins des employés, des individus et des communautés affectées par les plantations et les usines ;
- développement responsable des nouvelles plantations ;
- engagement d'amélioration continue dans les champs d'activités clefs.

Des interprétations nationales et l'adaptation des principes et critères aux plantations villageoises sont également en cours de développement.

Un système de certification spécifique est à l'étude et trois types de suivi et de traçage sont envisagés :
- la ségrégation. L'huile de palme certifiée RSPO est physiquement séparée de l'huile non-RSPO depuis le producteur jusqu'à l'utilisateur final ;
- le mélange contrôlé. Le produit concerné contient un certain pourcentage indiqué d'huile de palme certifiée RSPO ;
- le certificat. Le fabriquant du produit défend le commerce d'huile de palme durable.

Les autres voies d'amélioration de la gouvernance et des pratiques

En parallèle ou en préalable à leur certification RSPO, certaines compagnies ont déjà engagé d'importants moyens pour adapter leur mode de gouvernance et leurs pratiques. Pour ce faire, elles se fondent sur des expertises externes ou des certifications existantes.

Des normes internationales[2] sont disponibles pour aider les entreprises dans leur démarche :
- gouvernance par projet et contrôle de qualité (ISO 9000) ;
- management environnemental (SME) via ISO 14000 ;
- minimisation des risques encourus par les employés et les autres parties intéressées par l'accomplissement des tâches.

---

[2] Voir www.iso.org

Le 1er novembre 2010, une famille de certification centrée sur la responsabilité sociale des entreprises ISO 26000, élaborée par un collège de 400 experts, a été approuvée et mise à disposition des entreprises.

Des études menées dans d'autres industries montrent qu'après l'investissement certain que représente la mise en place de ces normes de gouvernance, de contrôle qualité et de responsabilité environnementale et sociale, le retour sur investissement est réel. En effet, l'engagement de ces certifications a entraîné, après quelques mois, une amélioration significative du fonctionnement des projets, la réduction de l'impact sur l'environnement, une productivité accrue des employés avec, au bout du compte, une réduction des coûts de production et une amélioration de la perception du projet dans son environnement communautaire. Une logique «gagnant-gagnant» se met en place et les progrès ne sont plus obtenus uniquement par une impulsion *top-down*, mais par un investissement de l'ensemble des acteurs du projet.

3. La plante et son milieu

Les palmiers à huile d'intérêt économique correspondent à deux espèces *Elaeis guineensis* Jacq. et *Elaeis oleifera* (Kunth) Cortés.

Elaeis guineensis Jacq., espèce africaine, est cultivé commercialement depuis le début du XXe siècle. Cette espèce est à l'origine de toute l'expansion actuelle. L'essentiel des huiles de palme et de palmiste commercialisées dans le monde provient de cette espèce.

Elaeis oleifera (Kunth) Cortés, espèce sud-américaine sauvage, n'est pas cultivé commercialement. Son hybride avec *Elaeis guineensis* est exploité en Colombie, au Pérou, en Équateur et au Brésil en raison de sa tolérance à une maladie mortelle, la pourriture du cœur.

Seules les caractéristiques relatives à *Elaeis guineensis* sont présentées dans la suite de ce chapitre.

Présentation générale

Elaeis guineensis Jacq. est une monocotylédone arborescente de la famille des Arecacées, tribu des Cocoïnées. Son caryotype est $2n = 32$.

▍ Caractéristiques botaniques

Couronne de 30 à 45 feuilles vertes de 8 à 10 m de long surmontant un stipe cylindrique unique.

Un seul bourgeon végétatif situé au cœur du bouquet foliaire.

Croissance en hauteur indéfinie.

Plante monoïque.

Cycles successifs de spadices mâles et femelles.

Allogamie.

Multiplication naturelle par voie sexuée uniquement.

Types de production

Régimes de fruits charnus à pulpe huileuse d'où est extraite une huile rouge semi-concrète : l'huile de palme.

Amandes des fruits d'où est extraite une huile jaune clair concrète : l'huile de palmiste.

Ces deux huiles sont comestibles.

Caractéristiques agronomiques

Les densités usuelles de plantation sont de 135, 143, 160 arbres par hectare.

La durée du processus de germination en conditions contrôlées est de 80 à 120 jours.

La durée des stades prépépinière et pépinière est de 10 à 12 mois.

L'entrée en production se fait entre 2,5 et 4 ans après la plantation selon les conditions.

L'entrée en production de croisière se fait entre 5 et 7 ans selon les conditions (photo 3.1).

La durée de la phase productive est indéfinie.

La durée de vie économique est de 17 à 35 ans selon les conditions.

Le potentiel de production moyen actuel dans les meilleures conditions (Asie du Sud-Est, Colombie, Pérou) est de 30 à 40 tonnes/ha de régimes et 8 à 10 tonnes d'huile de palme.

Le potentiel de production moyen actuel avec 350 mm de déficit hydrique annuel est de 19 à 22 tonnes/ha de régimes, 4 à 4,5 tonnes d'huile de palme.

Morphologie de l'arbre adulte

Le système racinaire

Le système racinaire est de type fasciculé, formé de plusieurs milliers de racines prenant naissance sur le plateau racinaire situé à la base

du stipe. Il descend à plus de 6 m de profondeur et s'étend sur plus de 20 m de rayon.

Le plateau racinaire volumineux de 80 cm de diamètre s'enfonce de 40 à 50 cm dans le sol.

Les zones non lignifiées, de couleur plus claire, sont les parties absorbantes du système.

Racines primaires (RI) :
– au nombre de 6 000 à 10 000 par arbre ;
– elles partent de la surface du bulbe dans une direction perpendiculaire à celui-ci ;
– dimensions : de 5 à 8 mm de diamètre, jusqu'à plus de 20 m de long ;
– seules leurs extrémités sont absorbantes (3 à 5 cm).

Racines secondaires (RII) :
– elles sont portées par les racines primaires ;
– de 30 à 40 racines secondaires par mètre linéaire de primaire dans la couche supérieure du sol ;
– leur tropisme est positif ou négatif perpendiculairement à l'axe de la racine primaire ;
– dimensions : de 1 à 3 mm de diamètre, 0,25 m à plus de 2 m de long ;
– seules leurs extrémités sont absorbantes (5 à 6 cm).

Racines tertiaires (RIII) :
– elles sont portées par les racines secondaires ;
– une racine tertiaire pour un centimètre de racine secondaire ;
– plus abondantes sur les racines secondaires à tropisme négatif ;
– dimensions : de 0,5 à 1,5 mm de diamètre, maximum 10 cm de long ;
– extrémité absorbante de 2 à 3 cm.

Racines quaternaires (RIV) :
– elles sont portées par les racines tertiaires ;
– une racine quaternaire pour un millimètre de racine tertiaire ;
– dimensions : de 0,2 à 0,5 cm de diamètre et de 1 à 1,5 mm de long ;
– peu ou pas lignifiées et donc principalement absorbantes ;
– en milieu hydromorphe, l'épiderme des racines quaternaires peut porter des pneumatophores.

Le stipe

Il peut atteindre 25 à 30 m de haut. En conditions d'exploitation commerciale, l'arbre doit atteindre 12 m de hauteur à la couronne. Il est en colonne tronconique à la base, sur 1 à 1,5 mètre de hauteur, puis le diamètre est constant.

Le diamètre à la base est de 80 à 110 cm, puis sur la zone cylindrique de 40 à 50 cm.

Les chicots pétiolaires sont adhérents jusqu'à 15-20 ans.

Une cavité lignifiée en forme d'étoile est présente à la base du bulbe à l'interface avec le système racinaire.

En coupe, de l'extérieur vers l'intérieur, on trouve :
– l'écorce, peu épaisse, couleur blanc crème ;
– le péricycle, de teinte grisâtre. Il émet des racines lorsqu'il est situé sur le plateau racinaire ou à la base du stipe ;
– le cylindre central. Une très forte densité de faisceaux de fibres ligneuses et de vaisseaux conducteurs est localisée vers la périphérie.

Le système foliaire

Il comprend un bouquet de 30 à 45 feuilles vertes en conditions de culture commerciale et des feuilles irrégulièrement pennées.

La longueur totale peut atteindre 10 m ; le poids frais de 5 à 8 kg.

Le nombre de feuilles émises par an est de 20 à 26 à l'âge adulte et la durée de vie de la feuille est de 4 années depuis l'ébauche foliaire jusqu'à la sénescence.

La feuille comprend (figure 3.1) :
– un pétiole (1,5 m de long environ) ;
– un rachis (5,5 à plus de 7 m de long) ;
– 250 à 350 folioles réparties à peu près également de part et d'autre du rachis.

Le système reproducteur

La pollinisation est essentiellement entomophile.

L'inflorescence mâle est portée par un pédoncule long (40 cm). Elle comporte 100 à 300 épis digitiformes de 10 à 30 cm de long et 400 à 1 500 fleurs mâles par épi (figure 3.2).

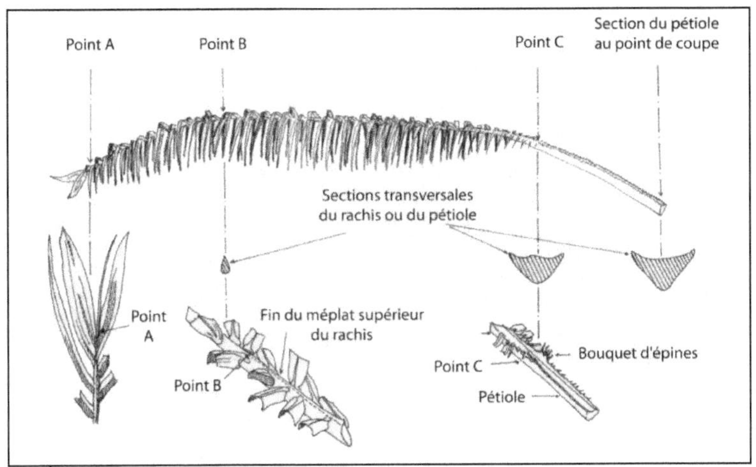

Figure 3.1.
Structure de la feuille de palmier à huile.

Les fleurs sont sessiles avec 6 étamines introrses. L'inflorescence a une odeur anisée caractéristique à l'anthèse et produit jusqu'à 50 g de pollen. La durée de vie du pollen est inférieure à 5 jours en conditions naturelles.

L'inflorescence femelle a un pédoncule fort et court (20 à 30 cm), 150 épis trapus et fibreux de 6 à 15 cm terminés par un fort ergot et 5 à 30 fleurs par épi. Les bractées sont dures et piquantes (figure 3.3).

La période de réceptivité de l'inflorescence est de 2 à 4 jours. L'inflorescence femelle a aussi une odeur anisée caractéristique à l'anthèse.

Les régimes forment une masse compacte (de 10 à 50 kg à l'âge adulte). Un régime possède 500 à 3 000 fruits (photo 3.2). La durée de maturation est de 5,5 à 6 mois.

Le fruit est une drupe sessile de forme ovoïde variable (figure 3.4). La longueur est de 2 à 5 cm et le poids de 3 à 30 g. Il se compose de :
– un péricarpe ou épiderme ;
– un mésocarpe ou pulpe ;
– un endocarpe ou coque ;
– une amande ou palmiste.

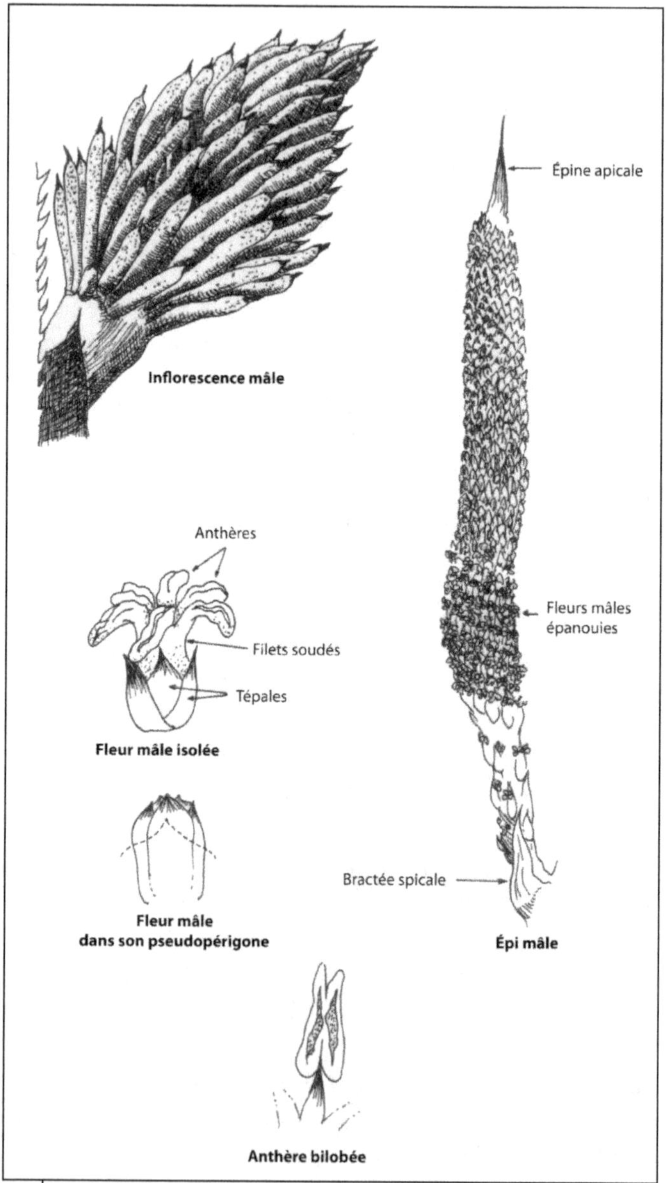

Figure 3.2.
Structure de l'inflorescence mâle.

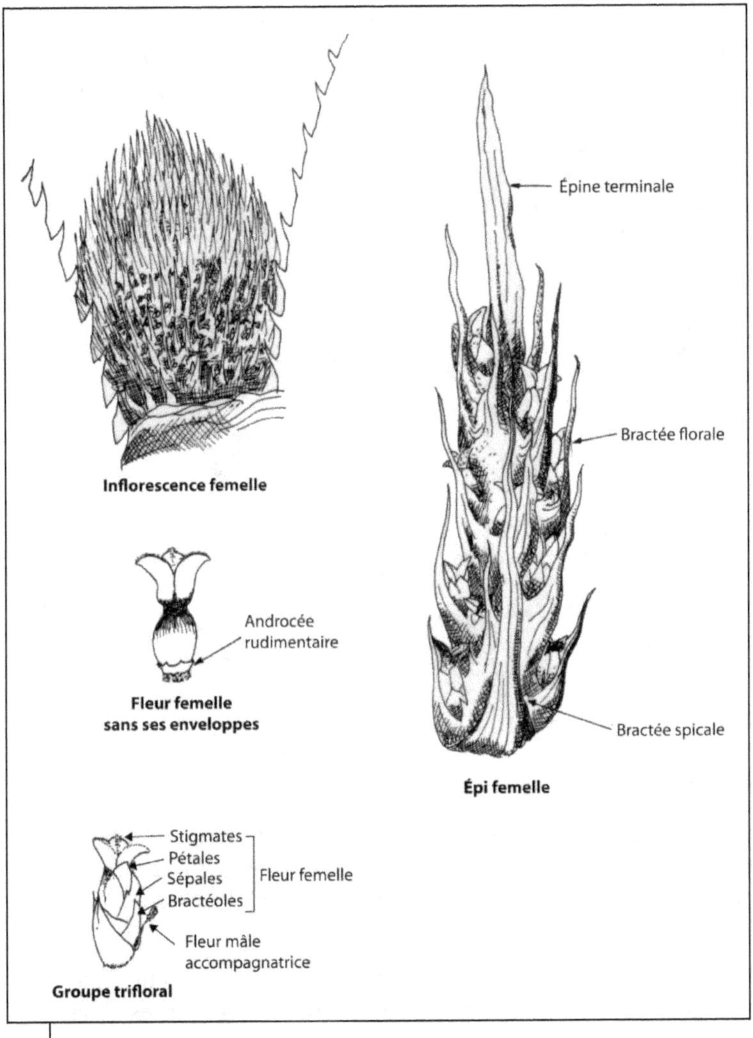

Figure 3.3.
Structure de l'inflorescence femelle.

Il y a 3 types de fruits (figure 3.4) :
- dura : grosse coque, peu de pulpe ; fruits parthénocarpiques avec coque embryonnaire ;
- pisifera : pas de coque, stérile femelle en général ;
- tenera : hybride mendélien simple entre les deux précédents. Coque mince, pulpe abondante ; fruits parthénocarpiques sans coque ; type cultivé.

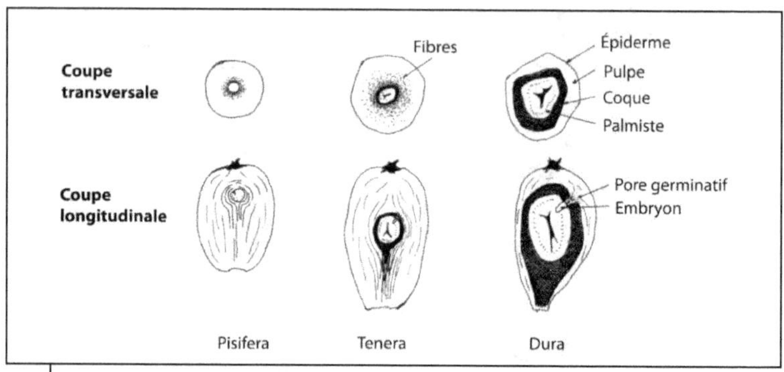

Figure 3.4.
Description des fruits du palmier à huile des types pisifera, tenera et dura.

Biologie

▶ Croissance végétative

Le système racinaire

Le système racinaire est un réseau dense rayonnant en perpétuel renouvellement. La majeure partie est développée en surface (50 à 66 % des racines totales et des racines fines sont localisées à moins de un mètre de profondeur).

Les racines tertiaires et secondaires se trouvent essentiellement en surface. Le système racinaire profond (à plus de 3-4 mètres), constitué de racines primaires essentiellement, joue un rôle important dans l'ancrage et l'alimentation hydrique de l'arbre.

La biomasse racinaire est de 30 à 40 tonnes de matière sèche par hectare sur sol sableux profond.

Le stipe

Le stipe a deux phases de croissance :
– horizontale jusqu'à l'âge de 3,5 ans maximum ;
– verticale très lente au jeune âge, accélérée après 3 à 4 ans jusqu'à 15 ans environ, puis ralentissement jusqu'au moins deux tiers de la vitesse maximale.

Le diamètre du stipe est variable selon l'origine génétique et les conditions environnementales. Le stipe assure le transport et un certain stockage des éléments nutritifs.

Le système foliaire

La croissance de la feuille passe par 4 phases :
– la phase juvénile (25 mois), non apparente, enfermée dans le cœur du palmier ;
– la phase d'élongation rapide (5 mois). La feuille passe de quelques centimètres à 5-8 mètres de long (stade «flèches») ;
– la phase d'épanouissement (15 jours à 2 mois). L'ouverture de la feuille est plus ou moins rapide en fonction des conditions environnementales ;
– la phase fonctionnelle (environ 2 ans).

L'apex végétatif détermine une symétrie radiale. Il y a un décalage de 135,7° à 137,5° entre deux feuilles successives.

Les spires sont d'ordre 3, 8 ou 13. La plus visible et la plus utilisée est la spire d'ordre 8. Les spires sont orientées vers la droite ou la gauche selon les individus.

▮▶ La reproduction

La reproduction se fait par graines uniquement. Le marcottage ou le bouturage sont impossibles dans la nature. La multiplication végétative par embryogenèse somatique est possible en laboratoire.

La pollinisation est effectuée selon un processus naturel.

Agent essentiel. Les charançons Curculionidés du genre *Elaeidobius* se nourrissent du pollen et accomplissent l'ensemble de leur cycle biologique sur l'inflorescence mâle (photo 3.3 ; planche 30).

Mode opératoire. L'odeur anisée de l'inflorescence mâle attire de nombreux insectes dont les *Elaeidobius*. Lors de leurs déplacements d'une inflorescence à l'autre, ils peuvent être attirés par l'odeur anisée d'une inflorescence femelle en anthèse où, cherchant leur nourriture, ils déposent sur les stigmates les grains de pollen dont ils sont porteurs. Ils assurent ainsi la fécondation des fleurs femelles.

Les *Elaeidobius* n'étant présents naturellement qu'en Afrique, ils ont été introduits artificiellement sur les autres continents à partir de 1984, afin d'éviter la pollinisation assistée manuelle auparavant indispensable pour assurer une production normale de fruits.

La production

À chaque ébauche de feuille correspond une ébauche d'inflorescence. Le sexe de l'inflorescence est déterminé environ 2 ans avant sa floraison et la sexualisation dépend étroitement du génotype et des conditions de milieu ; le stress favorise la sexualisation mâle.

Des avortements peuvent se produire jusqu'au cours de la maturation du régime.

Les mécanismes exacts de sexualisation ainsi que le rôle des avortements dans la mise en œuvre des cycles restent mal connus.

La durée moyenne de maturation des régimes dépend aussi bien du génotype que des conditions de milieu.

Le fruit croît en volume et en poids pendant environ 75 jours après la fécondation, puis il y a gélification de l'amande pendant environ 55 jours.

La véraison commence avec l'accumulation de l'huile dans la pulpe.

L'embryon alors totalement formé a besoin d'une certaine maturation pour pouvoir germer correctement.

La chute naturelle des fruits commence entre le 165e et le 190e jour.

Milieu naturel

Facteurs climatiques

Pluviométrie et déficit hydrique

La croissance optimum se situe avec un minimum de 1 800 mm de pluies bien réparties tout au long de l'année et pour un déficit hydrique annuel moyen inférieur ou égal à 200 mm.

Un déficit hydrique excédant 500 mm nécessite généralement un apport d'eau significatif (nappe phréatique ou irrigation).

Il faut une bonne proportion des pluies nocturnes par rapport aux pluies diurnes, car les pluies diurnes ont un effet sur l'activité des insectes pollinisateurs.

Insolation et rayonnement

L'optimum se situe au-delà de 1 800 heures d'ensoleillement (héliomètre) et au-delà de 12 MJ/m^2/jour (rayonnement photosynthétique actif ou PAR).

Température

Les minima mensuels doivent être supérieurs à 18 °C et les maximas compris entre 28 et 33 °C. Il faut relever systématiquement le nombre de jours par mois où la température minimale est inférieure à 20 °C.

Il y a blocage de maturation des régimes et des effets létaux si les températures descendent fréquemment en dessous de 18 °C.

Des températures de 33 °C à 38 °C ne sont supportables que si l'humidité de l'air est suffisante.

Humidité relative de l'air

Un taux d'humidité de l'air inférieur à 65 % à 30 °C (ou équivalent) entraîne une fermeture des stomates donc une réduction de l'activité photosynthétique.

Un taux d'humidité de l'air inférieur à 75 % à 30 °C peut entraîner une momification des larves des insectes pollinisateurs dans les épillets des inflorescences mâles.

Dépressions cycloniques ou vents violents

Les vents violents provoquent :
– la torsion et la cassure des palmes ;
– le basculement du bouquet foliaire ;
– la cassure au niveau du bouquet central ;
– le déracinement lorsque le sol est meuble ou gorgé d'eau.

Aptitude des sols

Exigences du palmier à huile

Le sol doit être profond et meuble : profondeur supérieure à 1 m avec un optimum 2 à 3 m. Le palmier s'adapte à toutes les textures depuis les textures sablo-argileuses légères jusqu'aux textures argileuses mais il faut faire attention aux textures extrêmes. Il faut proscrire les sables purs (totalement lessivés), éviter les sols trop argileux (teneur en argile supérieure à 80%), éviter un horizon compact à moins de 80 cm de profondeur. Les éléments grossiers (> 2 mm) sont peu favorables en général (sables grossiers < 80%).

Les caractéristiques des sols favorables à la culture du palmier figurent aux tableaux 3.1 et 3.2.

Tableau 3.1. Niveaux indicatifs des sols propices à la culture du palmier

Élément	Niveau indicatif
pH	supérieur à 4,0 jusqu'à neutralité
Matière organique	1-2 %
Carbone	1 %
Azote minéral	0,1 %
C/N	10
Phosphore total	300 à 400 ppm
Potassium échangeable	0,2 meq / 100 g
Calcium échangeable	supérieur à 0,05 meq/100g
Magnésium échangeable	0,4 meq / 100 g
Manganèse	200 ppm
Cuivre	10 ppm
Bore disponible	0,3 ppm
Fer	1 %
Molybdène	0,5 ppm
Zinc	0,8 ppm
CEC	supérieur à 10 meq/100g

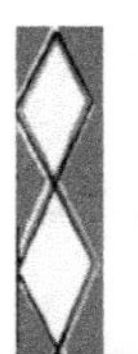

Valeur agronomique des sols

Tableau 3.2. Valeur agronomique des sols pour la culture du palmier à huile.

Formation géomorphologique	Régions	Valeur
Sables quaternaires marins	Sables côtiers	Inaptes
Sédiments du tertiaire	Afrique de l'Ouest, bassin amazonien	Aptitude physique reconnue, carence potassique généralisée, carence magnésienne fréquente, carence en phosphore et éventuellement en cuivre dans le bassin amazonien
Socle ancien	Afrique, Asie du Sud-Est (Bornéo), Océanie	Souvent présence d'horizon gravillonnaire à faible profondeur, déficiences potassiques, magnésiennes et phosphoriques d'importance très variable
Terrasses alluviales anciennes	Vallées des grands fleuves	Horizon hydromorphe voire imperméable possible en profondeur. Qualité dépendant de la capacité de drainage interne. Valeur variable
Dépôts alluviaux récents	Marge de la Cordillère des Andes, zones côtières de Malaisie et archipel indonésien, plaines deltaïques africaines	Dépend des possibilités de drainage en saison humide et de maintien de la nappe phréatique à 80 cm de la surface en saison sèche. Présence fréquente de zones sensibles à haute valeur de conservation. Plantation non recommandée
Sédiments volcaniques	Équateur (versants des Andes), Indonésie (Sumatra Nord, Papouasie), Océanie	Grande richesse chimique, déficiences minérales possibles (N, P, K, Mg). Avec une climatologie favorable, ces sols fournissent les meilleurs rendements du monde
Formations organiques	Malaisie, Indonésie, petits gisements en Afrique	Bonne aptitude mais nécessite une grande capacité technique et des aménagements lourds. Plantation non recommandée

Aménagement du terrain

Les aménagements du terrain ont une influence sur la culture du palmier (tableau 3.3).

Tableau 3.3. Caractéristiques et aménagements des terrains pour la culture du palmier à huile.

Type de paysage	Caractéristiques	Aménagement requis
Pente	Entre 0 et 10 %	Non nécessaire
	De 10 à 15 %	Diguettes, fosses d'infiltration
	De 15 à 30 %	Terrasses individuelles, terrasses continues en courbes de niveau ou non
	Au-delà de 30 %	Non recommandé
Bas-fonds et zone inondable	Delta et bras mort de rivière	Digues de protection
		Système de gestion de l'eau performant (maintien de la nappe phréatique à 60-80 cm de profondeur)
		Routes flottantes

Facteurs de production

▶ L'alimentation hydrique

Le palmier a besoin de 5 mm d'eau par jour soit 350 litres par arbre (ou environ 50 m^3 par hectare) pour produire à son maximum.

L'eau nécessaire est puisée dans le sol. La compensation est faite par les pluies incidentes, une nappe phréatique ou une irrigation artificielle.

La réserve en eau du sol dépend des qualités physiques et chimiques de celui-ci ainsi que du volume prospecté par les racines.

Il est nécessaire de bien identifier le domaine d'eau disponible (DED). La réserve facilement utilisable (RFU) sans réduction de la photosynthèse est de l'ordre de 170 mm.

L'alimentation en eau du palmier à huile influence son développement végétatif et sa production de régimes.

Une alimentation hydrique insuffisante a pour effet :
– la fermeture des stomates bloquant les échanges gazeux et la photosynthèse ;
– l'accumulation jusqu'à 5 à 6 feuilles non ouvertes (flèches).

Un déficit hydrique prolongé a pour effet :
– une baisse du poids moyen des régimes voire l'avortement de ceux-ci ou le blocage de la lipogenèse ;
– un avortement des inflorescences à l'aisselle des feuilles restées non ouvertes (mâles et/ou femelles) d'où une réduction du nombre de régimes ou de fleurs mâles 8 à 10 mois plus tard ;
– un avortement des très jeunes inflorescences ou une sexualisation mâle entraînant, 24 à 30 mois plus tard, une diminution du nombre de régimes.

Une irrigation complémentaire dans les zones d'écologie marginale améliore :
– la précocité de la production ;
– le nombre et le poids moyen des régimes ;
– la teneur en huile de la pulpe.

Un déficit hydrique exceptionnel en écologie marginale (supérieur à 600 mm) a des effets sur l'appareil végétatif et l'appareil reproducteur.

Sur l'appareil végétatif :
– des feuilles vertes pliées ou cassées ;
– le dessèchement précoce des feuilles ;
– le basculement du bouquet central ;
– la mort de l'arbre.

Sur l'appareil reproducteur :
– l'avortement partiel ou total de l'inflorescence à l'ouverture des spathes ou à la floraison ;
– le blocage de la croissance des fruits ;
– l'arrêt de la lipogenèse ;
– l'avortement tardif du régime immature.

Le blocage de la lipogenèse a été observé pendant des périodes sans pluies de 3 à 4 semaines en écologie favorable.

▶ La photosynthèse et l'assimilation

La production du palmier résulte du bilan carboné entre la source primaire de matière végétale (photosynthèse) et l'utilisation de celle-ci pour les besoins de croissance et d'entretien de la plante. Il est généralement considéré que l'excédent de glucides est alors disponible pour la production de régimes.

Les caractéristiques propres au palmier à huile adulte sont :
- une assimilation nette maximale (A_{max}) égale à 23 micromoles $CO_2/m^2/s$ en absence de facteur limitant (Côte d'Ivoire) à 31,6 micromoles $CO_2/m^2/s$ (Indonésie) ;
- des variations possibles en fonction de l'environnement et du génotype ;
- une décroissance avec l'âge de la feuille.

Les effets des facteurs du milieu sont :
- une faible hygrométrie dépressive (ou sécheresse de l'atmosphère ou déficit de pression de vapeur d'eau au delà de 1,7 kPa) par fermeture des stomates même en bonnes conditions d'alimentation hydrique au sol ;
- un rayonnement photosynthétiquement actif (PAR) saturant à partir de 1 100 micromoles $CO_2/m^2/s$;
- une efficience photosynthétique (A_{max}/PAR) moyenne et peu variable.

Photo 3.1.
Palmier à huile âgé de 6 ans
à Sumatra Nord.

Photo 3.2.
Régime mûr de palmier à huile.

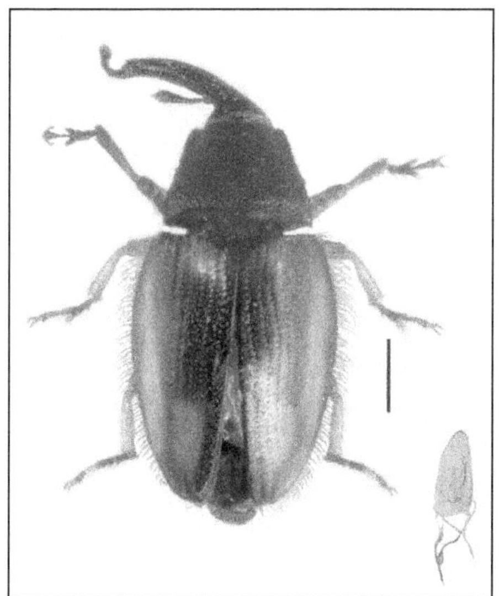

Photo 3.3.
Adulte d'*Elaeidobius kamerunicus*.

4. La nutrition minérale du palmier

La gestion de la nutrition minérale est un facteur capital pour une exploitation durable du palmier à huile.

Le cycle des éléments minéraux du palmier à huile est identique à celui des autres plantes. Il comprend tout d'abord l'entrée des éléments minéraux dans la plante par les racines et *in fine* la sortie de la plante par la coupe des palmes et des régimes, par la mort des racines et par la chute des inflorescences mâles passées et des bases pétiolaires. Un recyclage s'effectue plus ou moins rapidement après minéralisation (feuilles, inflorescences, racines, bases pétiolaires). Les exportations définitives correspondent à l'huile de palme, et à l'huile de palmiste ; une restitution partielle est effectuée via les apports de rafles, les effluents d'huilerie et le compost.

Niveaux des éléments minéraux observés et niveaux de carence visuelle

Ainsi, il apparaît bien clairement que la notion de niveau critique n'a pas de sens en valeur absolue, mais doit se comprendre de façon relative. On peut presque supposer que chaque parcelle peut avoir son propre niveau critique.

Néanmoins, le tableau 4.1 permet de fixer quelques ordres de grandeur. Les figures 4.1 et 4.2 (page 45) illustrent les variations observables.

Pilotage de la fertilisation

Le niveau de nutrition minérale du palmier à huile est déterminé par la balance entre :

(+/−) le stock initial des éléments minéraux dans le sol ;

(−) les exportations dues aux récoltes ;

(−) les exportations dues aux possibles prélèvements de matière sèche (pétiole, feuille, troncs lors de la replantation) ;

(−) les pertes par lessivage et érosion ;

(–) la compétition des plantes adventices ;

(+) le recyclage des éléments contenus dans la matière organique qui retourne au sol et provenant soit du palmier lui-même soit des plantes adventices ;

(+) les apports de la fertilisation.

Tableau 4.1. Niveaux observés et critiques des différents éléments minéraux au niveau de la feuille 17 du palmier à huile.

Élément	Unité	Feuille 17		Rachis 17
		Niveau observé	Remarque	Optimum
Azote	%	2,40 – 3,00	carence probable si N < 2,5 % (jeune âge) ou N < 2,3 % (adulte)	
Phosphore	%	0,15 – 0,19	voir relation N / P	0,09
Potassium	%	0,60 – 1,20	carence probable si K < 0,7 %	1,3 – 1,5
Calcium	%	0,25 – 1,10	excès probable si Ca > 0,8 %	
Magnésium	%	0,15 – 0,24	carence avérée si Mg / TCF < 20 %	
Chlore	%	0,40 – 0,70	application efficace si Cl < 0,20 %	
Soufre	%	0,16 – 0,23	carence avérée si S < 0,16 %	
Aluminium	ppm	50 – 100		
Bore	ppm	5 – 25		
Cuivre	ppm	5 – 15	carence sévère si Cu < 3 ppm	
Fer	ppm	50 – 250	carence si Fe < 50 ppm	
Manganèse	ppm	50 – 600	carence si Mn < 25 ppm	
Molybdène	ppm	0,1 – 0,8	carence si Mo < 0,1 ppm	
Zinc	ppm	15 – 40		

TCF : teneur en cations de la feuille.

Une nutrition minérale déficiente ou déséquilibrée aura des effets sur la croissance végétative et la production. Elle peut aussi, mais pas toujours, s'exprimer par des symptômes foliaires caractéristiques (voir planches 2 à 9).

Le pilotage de la fertilisation minérale et organique en plantations s'appuie sur des courbes de réponse entre les apports d'engrais, la productivité des palmiers et l'analyse chimique des tissus végétatifs, établies pour déterminer les compositions optimales en éléments majeurs (N, P, K, Mg, Ca et Cl). Ces teneurs et l'équilibre entre elles servent de références pour la fertilisation des plantations. Dans chaque contexte écologique, le pilotage de la fertilisation minérale nécessite des dispositifs expérimentaux et des prélèvements annuels d'échantillons dans les parcelles à fertiliser. Outil de précision, le diagnostic foliaire (DF) est utilisé couramment depuis plusieurs décennies sur une base annuelle. Plus récent, le diagnostic rachis (DR) s'avère intéressant pour préciser la disponibilité en potassium et en phosphore dans les organes de réserve de la plante.

Par ailleurs, le DF a été adapté pour son utilisation en palmeraies villageoises en vue de faire un diagnostic agronomique régional de la nutrition minérale et d'établir ainsi des recommandations de fertilisation dans le bassin d'approvisionnement d'une agro-industrie dont les données DF servent de référence. Dans ce cas, il n'y a donc pas de pilotage annuel direct.

Les échantillons sont constitués aussi bien de folioles (DF) que de rachis (DR) prélevés selon des protocoles bien établis et reproductibles.

Des expérimentations de fertilisation minérale avec des dispositifs factoriels sont communément utilisées pour déterminer les quantités nécessaires et suffisantes de fertilisants pour atteindre un niveau optimal de production et mettre en évidence les interactions entre des déficiences multiples.

Des études récentes menées à Sumatra-Nord ont démontré l'existence d'une forte relation entre les niveaux nutritionnels foliaires, notamment en potassium, azote ou magnésium et les origines génétiques du matériel végétal. Cette relation est notée dès le plus jeune âge. Elle a une forte répercussion sur la détermination des niveaux critiques.

Le large éventail de matériel végétal proposé par les producteurs de semences nécessite donc le renouvellement des dispositifs expérimentaux. Ces dispositifs auront pour objectif de mieux apprécier :

- les relations entre les niveaux critiques et les caractéristiques des sols ;
- l'influence de la climatologie et de la production portée par les arbres sur les variations interannuelles des teneurs foliaires ;
- la variation des teneurs en K et P des feuilles et du rachis et leur lien avec la production ;
- le calage des courbes selon le matériel végétal ;
- le couplage des analyses de sol et de tissus pour l'évaluation de la durabilité des cultures au pas du cycle de plantation.

Les éléments nécessaires à la plante sont classés en éléments majeurs, présents en forte proportion, et en général très impliqués dans la croissance et la production, et en éléments mineurs, dont les teneurs sont faibles. Ceux-ci sont en général impliqués dans des processus physiologiques particuliers, mais essentiels au fonctionnement de la plante.

Éléments majeurs

▌ Azote

Le rôle de l'azote est déterminant dans la vie de la plante. Il entre dans la composition d'éléments fondamentaux de la constitution de la matière vivante, depuis les molécules d'ADN jusqu'aux acides aminés, protéines, membranes cellulaires, etc. La chlorophylle, acteur fondamental de l'usine énergétique de la plante a pour noyau central un atome de magnésium entouré de quatre atomes d'azote.

En Asie du Sud-Est, l'azote a un rôle marqué d'une part, dans l'augmentation de la production de matière sèche totale dans le stipe, surtout dans la couronne foliaire et d'autre part, dans la matière sèche unitaire, par une augmentation du nombre de feuilles émises.

La déficience azotée se caractérise par une teinte vert-jaune à jaune des jeunes feuilles. La décoloration progresse vers les feuilles plus âgées lorsque la déficience s'accentue.

Les causes de déficience sont diverses : asphyxie due à un mauvais drainage, pauvreté naturelle ou induite des sols, concurrence de plantes envahissantes telles que *Imperata cylindrica, Ottochloa nodesa, Chromolaena odorata, Stenochlaena palustris*, etc., mauvais développement des légumineuses de couverture fixatrices d'azote.

En Indonésie, le niveau optimal de l'azote dans la feuille diminue avec l'âge de la plante selon la relation suivante, établie expérimentalement (figure 4.1) :

$N = 3,192 - 0,059\,A + 0,001\,A^2$.

Ce niveau varie aussi en fonction de la teneur totale en cation de la feuille (TCF) :

$TCF = [(\%\,K/39,1) + (\%\,Ca/(40,1/2)) + (\%\,Mg/(24,3/2)] \times 1000$.

Sur du matériel végétal de type Deli x Avros, la relation liant N et TCF s'écrit :

$N = +0,00014377 \times TCF^2 - 0,010106 \times TCF + 2,56$.

La correction des déficiences s'obtient par la suppression de la cause lorsqu'elle est liée à une pratique culturale inadéquate et par des apports de fertilisants organiques ou minéraux riches en azote.

L'excès d'azote dans la plante peut déprimer la production et augmenter la sensibilité à certaines maladies et ravageurs. Dans certains cas, l'hypothèse d'une carence secondaire en bore et des symptômes de bandes blanches longitudinales sur le limbe des folioles peuvent apparaître.

▶ Phosphore

Le rôle du phosphore est déterminant dans les processus vitaux de la croissance, de la nutrition et de la respiration. Il a un rôle primordial dans le développement du bulbe et du système racinaire. Il est très lié aux processus de fécondation, de fructification et de maturation des organes végétatifs. Il intervient dans la production ainsi que dans le processus de maturation des fruits.

La déficience en phosphore se traduit par une réduction de la croissance et de la production. Les stipes des arbres peuvent prendre une silhouette en pointe de crayon. Il est difficile de reconnaître des symptômes visuels caractéristiques en dehors d'un aspect terne et mal en point des plantes.

Les causes de carence sont souvent liées à un statut déficient des sols. Les teneurs en phosphore du rachis en sont un indicateur efficace. Pour une teneur inférieure à 0,09 %, la déficience est avérée. Pour une teneur supérieure à 0,09 % et, simultanément avec une teneur du phosphore foliaire basse suivant la relation d'équilibre ci-dessous, il convient de corriger la nutrition azotée en fonction de l'équilibre N–TCF évoqué au paragraphe précédent.

L'équilibre optimal entre les teneurs en phosphore et en azote (% MS sur feuille 17) suit la relation suivante (figure 4.2) :

$$P = 0{,}0075 + 0{,}0895\,N - 0{,}011\,N^2.$$

Dans ce cas, en améliorant la teneur en azote, les teneurs en phosphore et en potassium augmenteront dans la feuille, tandis que l'absorption du calcium sera freinée.

L'excès d'apport de phosphore sur des sols tourbeux ou très sableux de Sumatra et de Malaisie peut entraîner des carences secondaires en micro-éléments comme celles du zinc et du cuivre.

Potassium

Le potassium est présent en grande quantité dans la rafle du régime, les fibres et les coques des fruits. Il est l'élément le plus nécessaire à la production de régimes. Il joue aussi un grand rôle dans la physiologie de la plante. Il intervient dans l'assimilation chlorophyllienne, l'ouverture stomatique, la tolérance à la sécheresse et la tolérance à la fusariose, souvent nécessaires en Afrique. C'est un élément très mobile dans la plante.

Les niveaux optimaux décroissent légèrement avec l'âge. Ils peuvent être très différents d'un type de matériel végétal à l'autre. Ils sont plus faibles dans les situations de faibles ou forts déficits hydriques (< 250 mm ou > 600 mm) et plus élevés dans les situations intermédiaires.

En cas de carence en potassium (planches 2 et 3), la réduction de la production intervient en général avant l'expression de symptômes foliaires. Plusieurs types de symptômes peuvent apparaître sur les folioles : décoloration diffuse vert-jaune puis jaune pâle, taches orangées ou *orange spotting* devenant peu à peu confluentes. L'observation de symptômes d'*orange spotting* ne conduit pas automatiquement à la déficience potassique puisqu'ils peuvent être rencontrés aussi en cas de déficience magnésienne ou d'anomalie génétique. Ces symptômes apparaissent d'abord sur les feuilles basses ou intermédiaires puis s'étendent dans la couronne. Les feuilles les plus âgées se dessèchent précocement. La carence grave, avec décoloration diffuse, entraîne un port érigé rigide des feuilles du fait de leur net raccourcissement.

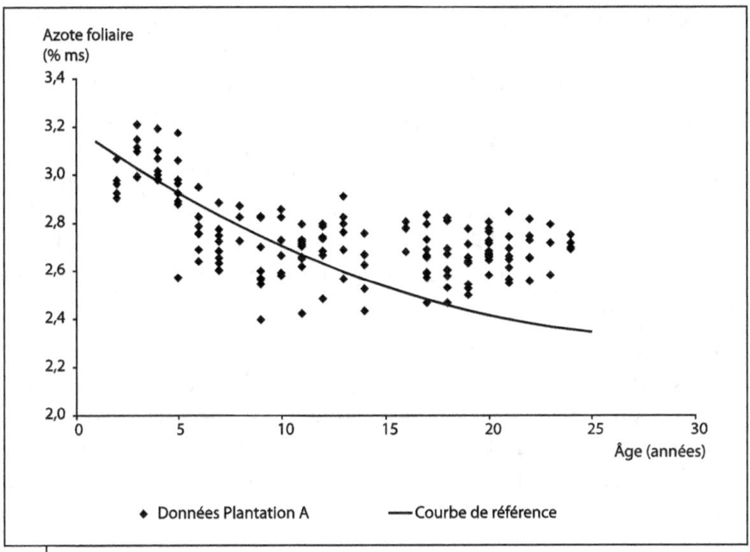

Figure 4.1.
Exemple de l'évolution des teneurs foliaires en azote avec l'âge.

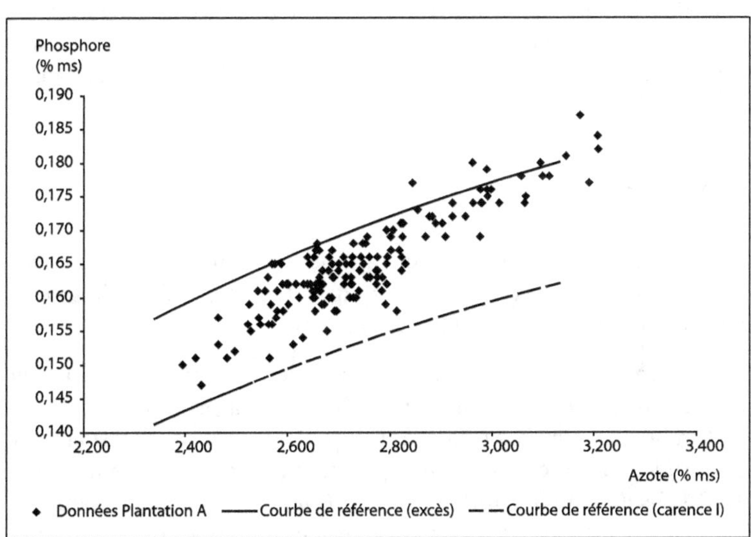

Figure 4.2.
Relations entre teneurs foliaires : exemple de l'azote et du phosphore.

L'absorption du potassium est liée à des équilibres complexes faisant intervenir l'azote, le calcium et le magnésium. Les teneurs foliaires optimales sont comprises entre 0,8 et 1,2 %. La correction de carences en K doit donc se faire en tenant compte de ces équilibres, après avoir vérifié que la balance N/P est correcte. La proportion de K par rapport au total des cations doit être proche de 30 %. Les teneurs en potassium du rachis sont un bon indicateur de l'état nutritionnel des organes de stockage de la plante : si elles sont supérieures à 1,3-1,5 % avec des teneurs foliaires faibles, les palmiers ne sont pas en état de déficience.

Les causes de déficience sont variées, mais souvent liées à des réserves insuffisantes dans le sol. Les sols tropicaux sont, de façon générale, désaturés en potassium. En raison de leur composition particulière, la capacité des sols de tourbe à stocker et à relarguer le potassium est faible. Les apports requis sont souvent élevés et doivent être fractionnés.

Des apports excessifs en potassium peuvent déprimer le magnésium sans systématiquement améliorer les teneurs foliaires en potassium. Des déficiences secondaires en bore ont aussi été rapportées. Certains types de sols peuvent se déstructurer sous l'influence de l'ion K^+ provenant des engrais potassiques, en applications localisées fortes et non fractionnées, cette déstructuration peut aboutir à des compactions à faible profondeur.

Magnésium

Cet élément est le constituant central de la chlorophylle intervenant dans de nombreux systèmes enzymatiques. Il est associé au phosphore dans les phospholipides de l'huile de palme.

Contrairement aux symptômes de déficience en potassium, ceux du magnésium apparaissent la plupart du temps avant que la carence n'ait pu avoir un effet sur la production. Ils sont souvent visibles sur les bordures de parcelles ou sur le pourtour des trouées, car plus ensoleillées. Ils inquiètent à tort le planteur (planches 4 et 5). Les carences secondaires sont fréquentes, provoquées par un excès de fertilisation potassique (antagonisme entre K et Mg) ou phosphatée (via un antagonisme entre Ca et Mg).

Une proportion Mg/TCF (teneur totale en cation de la feuille) inférieure à 20 % est très fortement déficitaire. Dans ce cas, il faut réduire la fertilisation potassique ou phosphatée avant d'augmenter fortement les apports en engrais magnésiens.

La carence magnésienne est plus facile à voir en bord de parcelle. Elle s'exprime par une décoloration vert-jaune puis jaune-orangée des folioles les plus exposées au soleil sur les palmes basses ou intermédiaires. Elle est parfois assez délicate à distinguer des symptômes foliaires de déficience en potassium. Par exemple, outre l'*orange spotting*, le phénomène de « l'ombre verte », où la partie des folioles ombragée par leurs voisines reste verte, est parfois aussi observé dans le cas de déficience en potassium.

Un excès d'engrais magnésien peut entraîner des carences secondaires en potassium dues aux antagonismes Ca, Mg et K.

Calcium

Il a des fonctions essentielles dans les échanges intercellulaires. Il est souvent présent dans les cellules sous forme de cristaux d'oxalate de calcium. Son rôle est important dans le fonctionnement des méristèmes et le développement racinaire. Il est impliqué dans le transport des signaux liés aux stress environnementaux, par exemple les fortes ou faibles températures ou les effets physiques d'impact de la pluie et du vent.

Sur le palmier à huile, aucune carence en calcium n'a pu être mise en évidence sur le terrain. Cet élément est déprimé par des apports d'azote. En revanche, des niveaux excessifs en calcium entraînent des déficiences secondaires en potassium, magnésium et bore.

Chlore

C'est un élément incontournable de la nutrition minérale du palmier à huile où, contrairement à d'autres plantes, il doit être considéré comme un élément majeur. Il joue un rôle important dans la régulation osmotique, le transport de l'eau et des éléments minéraux, la physiologie du fruit ainsi que dans la résistance aux maladies et aux attaques d'insectes.

La carence en chlore provoque une diminution de la production, du nombre et du poids moyen des fruits ainsi que du poids de l'amande.

Ces carences ont été notées soit dans des régions éloignées de la mer ou protégées des influences maritimes par une barrière naturelle comme le piémont amazonien des Andes ou l'est du bassin zaïrois, soit sur des sols volcaniques récents (Papouasie-Nouvelle Guinée).

La forme chlorure des engrais potassiques suffit souvent à éviter de telles déficiences.

▌ Soufre

Le soufre est un constituant de certains acides aminés comme la cystéine et la méthionine. Il est un élément de structure des coenzymes nécessaires à la formation des acides gras à longue chaîne et à la synthèse de l'huile dans la pulpe et l'amande.

Les carences en soufre sont rares. Elles peuvent apparaître sur des sols ferralitiques très désaturés, surtout sur des arbres jeunes. Elles provoquent des retards de croissance. Elles peuvent être facilement corrigées par des apports d'engrais azotés et potassiques de forme sulfate.

Éléments mineurs

▌ Aluminium

Cet élément est d'autant plus soluble que le pH est acide. Il peut devenir toxique en s'accumulant dans les racines et bloquer leur croissance. Les effets de cette toxicité n'ont pu être clairement mis en évidence sur le palmier à huile. Il est toutefois recommandé de s'en préserver lorsque le pH est très acide (< 4) ou lorsque les teneurs en aluminium du sol sont élevées en raison d'une fertilisation phosphatée ou d'un amendement calcique destiné à relever le pH du sol.

▌ Bore

Le bore joue un rôle important dans le transport des glucides, la synthèse des protéines, la phosphorylation oxydative, la différenciation cellulaire, l'élongation des cellules, la germination du pollen et l'élongation du tube pollinique. C'est un élément peu mobile, aussi

des symptômes légers de déficience peuvent apparaître sur des sujets jeunes, notamment après une période de stress ou de croissance très rapide en zone très favorable.

Les symptômes de carence sur les feuilles (planches 6 et 7) sont spectaculaires et irréversibles car ils apparaissent pendant les phases juvéniles et les phases d'élongation de la feuille : folioles en baïonnette ou gaufrées, réduction de la longueur du pétiole, du rachis et des folioles, jusqu'au stade de moignons. Des bandes blanches longitudinales peuvent aussi être enregistrées ainsi que des avortements plus ou moins partiels des inflorescences. Il y a une relation certaine entre certains types de symptômes ainsi que leur intensité et l'origine génétique de l'arbre. Une carence prononcée et non corrigée peut entraîner la mort de l'arbre.

L'apport de bore doit être fait avec précaution, cet élément étant fortement toxique lorsqu'il est appliqué en excès. Il peut être apporté si nécessaire pour partie au niveau du collet de la plante et pour partie à l'aisselle des feuilles de la couronne moyenne.

Des apports systématiques de bore peuvent être nécessaires sur les arbres jeunes (< 6 ans) selon les conditions agro-climatiques.

Cuivre

Cet élément intervient dans la chaine respiratoire (cytochrome oxydase) et le transport d'électrons dans le processus de la photosynthèse.

La carence en cuivre, souvent signalée sur sols tourbeux en Asie du Sud-Est, en pépinière et au champ sur sols minéraux au Brésil, apparaît comme une chlorose de la couronne intermédiaire et une réduction de la croissance (planche 8). On observe une synergie entre K et Cu et un antagonisme entre Cu et N ou entre Cu et P.

La carence se corrige par pulvérisation foliaire ou applications au sol de sulfate de cuivre.

Fer

Le fer entre dans la composition de nombreux enzymes de la photosynthèse, de la respiration et du cycle de Krebs. Les sols tropicaux en sont toujours largement pourvus.

Les symptômes de carence sont assez caractéristiques avec une chlorose du limbe sur les plus jeunes feuilles. Par la suite, les jeunes feuilles deviennent blanches tandis que les feuilles intermédiaires passent au jaune. Une carence forte non corrigée entraîne l'arrêt de la croissance et la mort de l'arbre.

▶ Manganèse

Cet élément est nécessaire comme cofacteur de nombreux enzymes d'oxydoréduction dans le photosystème au cours de la photosynthèse. Il tient un rôle important dans la division cellulaire et la croissance des racines.

Des déficiences ont été observées sur des sols très lessivés ou des tourbes profondes. Les symptômes se définissent par des pointillés chlorotiques du limbe sur les plus jeunes feuilles. Les feuilles récemment ouvertes deviennent de plus en plus petites et chlorotiques.

▶ Molybdène

C'est un élément clef de l'assimilation de l'azote et sa disponibilité s'accroît avec le pH du sol. Aucune déficience avérée en molybdène n'a encore été rapportée. L'effet d'un apport de cet élément sur la nutrition azotée n'a jamais été prouvé.

▶ Zinc

Il joue un rôle dans la synthèse des protéines, le métabolisme auxinique et le maintien de l'intégrité des membranes cellulaires. Des carences ont été observées sur des sols acides très humides, des sols calcaires ainsi que sur certaines tourbes. Des carences associées zinc et cuivre ont été notées au Brésil et à Sumatra. Un excès de phosphore sous forme très soluble peut induire une carence secondaire en zinc.

Les symptômes de carence s'expriment par des décolorations jaune-orange des vieilles feuilles pendant que les feuilles plus jeunes deviennent pâles et chlorotiques. Les feuilles les plus anciennes finissent par se dessécher précocement.

5. Les études préliminaires à un projet de plantation

Ces études préliminaires sont relatives à l'impact qu'aura le projet dans sa zone d'influence. Elles ne concernent pas l'étude technique et agronomique proprement dite du projet. Elles concernent aussi bien les projets de plantations commerciales que les projets intégrant des plantations villageoises. Bien qu'elles ne soient pas spécifiques à un projet de plantation palmier, elles sont indispensables si le promoteur du projet veut obtenir par la suite une certification de type RSPO.

Impact environnemental

Cette étude d'impact devrait s'articuler sur les huit points principaux suivants.

1. Une description du projet qui doit contenir :
- la description des caractéristiques physiques de l'ensemble du projet et des problèmes potentiels en matière d'utilisation du sol lors des phases de mise en place et de fonctionnement ;
- une description des principales caractéristiques des techniques et procédés utilisés pour la mise en place et le fonctionnement du projet ;
- une estimation des types et des quantités de résidus et/ou de polluants attendus (pollution de l'eau, de l'air, du sol, etc.) résultant du fonctionnement du projet.

2. L'esquisse des principales solutions de substitution qui ont été examinées par le maître d'ouvrage et une indication des principales raisons de son choix tenant compte des effets sur l'environnement.

3. Une description des éléments de l'environnement susceptibles d'être affectés de manière notable par le projet : les communautés, la faune, la flore, le sol, l'eau, l'air, les facteurs climatiques, les biens matériels y compris le patrimoine, le paysage ainsi que les interactions entre les facteurs précités.

4. Une description de l'aménagement du paysage incluant une étude des zones à haute valeur de conservation.

5. Une description des effets directs importants, et le cas échéant, des effets indirects cumulatifs à court, moyen et long terme, permanents et temporaires, positifs et négatifs du projet sur l'environnement résultant :
– de l'existence du projet ;
– de l'utilisation des ressources naturelles ;
– de l'émission des polluants, de la création de nuisances ou de l'élimination des déchets et/ou des sous-produits.

6. Une description des mesures envisagées pour éviter, réduire et si possible, compenser les effets négatifs importants du projet sur l'environnement.

7. Un résumé non technique des informations transmises sur la base des rubriques mentionnées plus haut.

8. Un aperçu des difficultés éventuelles, lacunes techniques ou besoins en recherche identifiés par le maître d'ouvrage dans la compilation des informations requises.

Cette étude d'impact doit se faire dans la plus grande transparence, avec l'appui d'experts reconnus, et s'accompagner d'une consultation publique des communautés concernées par le projet.

Impact social

Construite sur le même modèle que l'étude d'impact environnemental, l'étude d'impact social peut être réalisée en même temps que la précédente. Elle devra s'articuler autour des six points suivants.

1. Une description du projet qui doit contenir :
– la description des caractéristiques physiques de l'ensemble du projet et des exigences en matière d'utilisation du sol lors des phases de mise en place et de fonctionnement ;
– une description des principales caractéristiques des techniques et procédés utilisés pour la mise en place et le fonctionnement du projet ;
– une description des communautés et des populations affectées ou concernées par le projet[3].

2. Une description des éléments de l'environnement social susceptibles d'être affectés de manière notable par le projet.

---

[3] Cela inclut naturellement les populations concernées par le projet de développement de plantations villageoises satellites.

3. Une description des effets directs positifs et négatifs importants, et le cas échéant, des effets indirects cumulatifs à court, moyen et long termes, permanents et temporaires, positifs et négatifs du projet sur l'environnement social concernant:
- l'accès aux droits sociaux et leur exercice;
- les moyens d'existence notamment économiques et les conditions de travail, y compris la santé et la sécurité des travailleurs;
- les activités de subsistance;
- les valeurs culturelles et religieuses;
- les besoins et équipements de santé et d'éducation;
- l'impact potentiel sur les communautés résidant autour du projet, l'amélioration de leurs conditions de vie, de transport et de communication, l'arrivée de travailleurs migrants avec ou sans leur famille.

4. Une description des mesures envisagées pour éviter, réduire, et si possible, compenser les effets négatifs du projet sur l'environnement social et obtenir l'appropriation du projet par les populations concernées. Une attention particulière sera portée aux aspects suivants: les trafics humains, les abus sexuels, le travail forcé, les conditions de travail, l'équité pour les groupes sociaux défavorisés ou exclus (y compris les femmes), le non-respect de la diversité culturelle.

5. Un résumé non technique des informations transmises sur la base des rubriques mentionnées plus haut.

6. Un aperçu des difficultés éventuelles, lacunes techniques ou besoins en recherche identifiés par le maître d'ouvrage dans la compilation des informations requises.

Cette étude d'impact doit se faire également dans la plus grande transparence, avec l'appui d'experts reconnus, et s'accompagner d'une consultation publique des communautés concernées par le projet.

Impact économique

Il s'agit ici d'évaluer par une analyse qualitative et quantitative les retombées économiques attendues du projet. L'étude devrait inclure:
- la description du territoire géographique concerné par le projet;
- la mesure de la richesse et des biens générés sur l'économie locale et/ou nationale à l'aide des indicateurs suivants: chiffre d'affaire, emplois générés, masse salariale, achats, investissements et dépenses de fonctionnement (fournitures locales ou importations), taxes et impôts,

- la mesure des flux successifs de biens et de services entraînés par l'activité elle-même et ses effets de redistribution dans l'économie locale et/ou nationale ;
- la mesure de l'impact du projet en termes d'image et de notoriété.

Plan d'affaires

Ce plan d'affaires *(business plan)* a pour objectif de présenter le projet aux partenaires potentiels (investisseurs, associés, administrations, etc.). Il permet aussi à l'investisseur de se l'approprier plus complètement en lui permettant de le visualiser sur le long terme. L'angle de présentation est différent de celui des études d'impact.

Il doit comprendre au moins les points suivants :
- la présentation du créateur du projet (son histoire, ses réalisations passées et ses compétences) ;
- les produits et services offerts par le projet ;
- une vision du marché au niveau local, national et international ;
- les clients potentiels ;
- les concurrents sur le même secteur d'activité au niveau local, national et international ;
- la stratégie qui sera développée ;
- le cadre juridique retenu et ses implications ;
- les différents moyens à mettre en œuvre et leurs coûts ;
- les ressources à mobiliser et leurs coûts (sans oublier le matériel végétal) ;
- un aperçu des difficultés éventuelles, lacunes techniques ou besoins en recherche identifiés par le maître d'ouvrage dans la compilation des informations requises ;
- une étude financière incluant le plan de financement, le plan de trésorerie, le compte de résultat prévisionnel, le taux de rentabilité interne ;
- une étude de sensibilité aux coûts des facteurs (par exemple : coût des intrants ou du crédit, fiscalité, impact climatique, etc.) ou aux fluctuations du prix des produits.

6. Le matériel végétal, une clé du développement durable

La compétitivité et la durabilité d'une plantation de palmier à huile ne peuvent être maintenues qu'en améliorant les facteurs de production tout en conservant les impératifs liés au développement durable. Pour ce faire des outils modernes existent actuellement : biotechnologies, multiplication végétative, agriculture de précision, gestion des ressources du sol, efficacité de la fertilisation, protection intégrée contre les ravageurs et les maladies, recyclage des sous-produits et déchets d'huilerie.

Le potentiel du matériel végétal planté est un élément fondamental à prendre en considération pour l'établissement d'une nouvelle palmeraie ou d'une replantation.

Création variétale

La création variétale a pour objectif de produire des palmiers sélectionnés répondant à des critères fixés par l'obtenteur et souhaités par les producteurs. Avec les impératifs cités plus haut, ces palmiers sélectionnés doivent présenter un haut rendement en huile. Mais d'autres qualités sont aussi requises et peuvent être plus spécifiques des conditions rencontrées comme par exemple :
- la tolérance à des maladies ou à des ravageurs spécifiques tels que *Ganoderma*, fusariose, pourritures du cœur, *Oryctes*, etc. ;
- l'adaptation à des environnements particuliers ;
- la tolérance à différents facteurs de stress tels que sécheresse, vent, température ;
- l'amélioration de l'efficacité nutritionnelle et la réduction des apports de fertilisants, notamment chimiques ;
- la prise en compte de facteurs économiques tels que croissance lente, grand nombre de régimes, faible poids moyen, sex-ratio, ratio huile de palme / huile de palmiste, haute densité de plantation ;
- les demandes des utilisateurs telles que ratio stéarine / oléine, indice d'iode, teneur en carotène ;
- l'utilisation comme biocarburant.

Les programmes d'amélioration du palmier à huile sont le plus souvent fondés sur un schéma de sélection récurrente réciproque, similaire à celui utilisé pour la sélection du maïs et des bovins notamment. Il permet d'exploiter des aptitudes spécifiques et générales à la combinaison. L'histoire de cette amélioration a commencé au tout début du xxe siècle. L'implication du Cirad et de ses partenaires s'est développée dès la fin de la seconde guerre mondiale et a accompagné le développement de la culture.

La stratégie adoptée se décline en quatre étapes majeures :
– le maintien des ressources génétiques et la création de populations améliorées ;
– une création variétale permanente ;
– une exploitation continue de cette création variétale ;
– une amélioration continue de la qualité du matériel végétal produit.

Programme à long terme

Dans le cas du Cirad et de ses partenaires, le schéma de sélection récurrente réciproque a été introduit à partir des résultats d'une expérimentation internationale (1950). Un premier cycle de sélection avait été mis en œuvre dans les années 1950 et 1960 en Côte d'Ivoire. Un second cycle a été déployé en Afrique (CNRA, Côte d'Ivoire ; SRPH, Bénin ; SRA, Cameroun), Amérique latine (EMBRAPA, Brésil) et en Asie du Sud-Est (Socfindo, Indonésie) à partir du milieu des années 1970.

Durant la seconde moitié du xxe siècle, la production en terme de production d'huile par hectare s'est accrue de 42 % soit environ 1 % par an. Dans le même temps, la croissance en hauteur a été réduite. La mise au point d'un test précoce a permis de promouvoir la production d'un matériel végétal tolérant à une maladie majeure en Afrique, la fusariose.

Des efforts identiques menés, d'une part, avec des partenaires Indonésiens (Socfindo et Lonsum) doivent permettre avant 2015 la mise sur le marché de matériel végétal moins sensible au *Ganoderma*, maladie ravageant de nombreuses plantations en Asie du Sud-Est. D'autre part, des efforts entrepris avec des partenaires sud-américains ont permis d'identifier des matériels végétaux moins affectés par les pourritures du cœur. Les travaux se poursuivent afin d'améliorer cette tolérance.

▮▶ Programme de sélection récurrente réciproque

Deux groupes de populations complémentaires par leurs caractéristiques de production (petit nombre de gros régimes et grand nombre de régimes plus petits) sont maintenus en isolement et sont améliorés par cycles successifs (figure 6.1). Ce schéma de base est réciproque car chaque population sert de testeur pour l'autre.

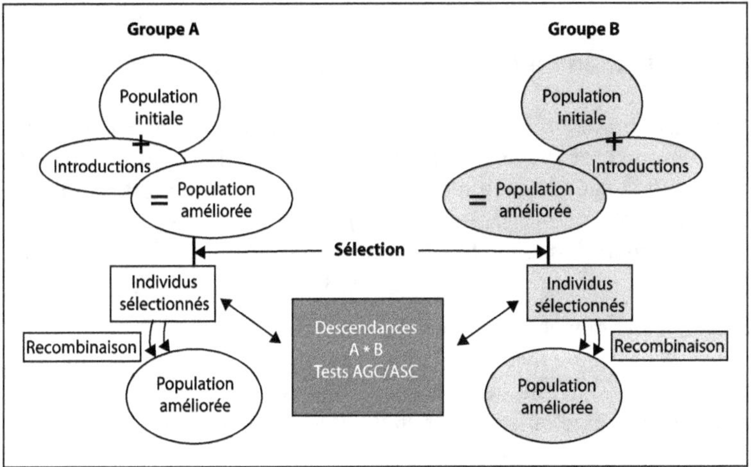

Figure 6.1.
Schéma de la sélection récurrente réciproque du palmier à huile au Cirad.

L'amélioration des populations de base se fait par :
– une sélection phénotypique (sélection massale) des individus au sein des familles retenues dans les deux groupes ;
– une batterie de tests des descendances obtenues par croisement des individus sélectionnés du groupe A avec ceux du groupe B.

Le caractère récurrent est obtenu par le fait que dans chaque groupe, les parents sélectionnés pour leur bonne aptitude générale à la combinaison (AGC) ou leur aptitude spécifique à la combinaison (ASC) sont retenus pour constituer la nouvelle population de base destinée à être brassée.

Les introductions sont évaluées avec des testeurs des deux groupes issus du cycle en cours afin de pouvoir les intégrer rapidement dans le programme.

Pour atteindre le but fixé, représentant une amélioration minimum de 1 % par an, ainsi que l'amélioration de toutes les autres caractéristiques, il est nécessaire de planter chaque année environ 35 ha de tests de géniteurs accompagnés par 15 ha de ressources génétiques permettant l'exploitation des essais. Un cycle complet représente un total de 1000 à 2000 ha de tests et 300 à 400 ha de ressources génétiques. Il couvre en général une période de 25 années. Le plus souvent, cet ensemble est réalisé en réseau.

▶ Valorisation de l'amélioration génétique

Il a été abondamment démontré que, ces dernières décennies, l'extraordinaire croissance de la part de l'huile de palme dans l'ensemble des huiles végétales alimentaires a été essentiellement le fait de l'accroissement considérable des surfaces plantées. Ce phénomène est réel aussi bien pour le secteur commercial que pour le secteur familial.

Seules les compagnies les plus performantes ont été capables d'accroître leur productivité en mettant l'accent, aussi bien sur la maîtrise des itinéraires techniques que sur l'intégration du progrès génétique disponible. Ces résultats sont illustrés par la figure 6.2, présentant

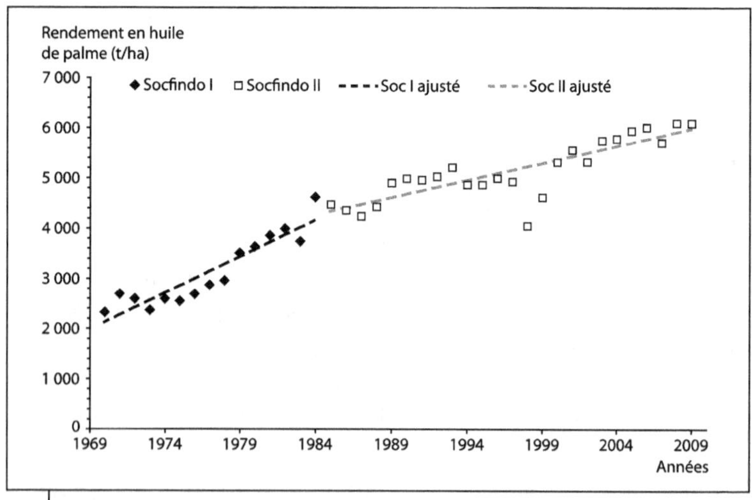

Figure 6.2.
Évolution du rendement en huile de palme par hectare à PT Socfin Indonesia.

l'évolution du rendement en huile à Socfin Indonesia : de 1970 à 1984, le rendement en huile a augmenté de 4,9 % par an puis de 1,1 % par an pour la période 1985 à 2005. La part de l'amélioration génétique était respectivement de 0,84 et de 0,75 %.

Compte tenu du caractère pérenne de la plante et de l'ampleur des programmes mis en œuvre, le passage du progrès génétique depuis le résultat du test de géniteur jusqu'à la semence commerciale demande de 8 à 10 années.

Sortie variétale

La sortie variétale fait appel à des stratégies permettant d'adapter le matériel végétal proposé à la demande des planteurs et de leur faire profiter en continu des progrès accomplis. Néanmoins, si la plupart des planteurs des secteurs commerciaux ou familiaux font appel à des producteurs de matériel végétal de renom, d'autres préfèrent s'adresser à des négociants non agréés par les producteurs de semences et proposant du matériel végétal à bas prix.

Les produits de tels intermédiaires sont parfois accompagnés de certificats d'origine ou de qualité contrefaits. Dans la plupart des cas, l'origine du matériel est douteuse, voire complètement falsifiée, et de qualité agronomique médiocre.

Les planteurs qui ont recours à ce type de matériel, parfois poussés par des circonstances défavorables, ou par méconnaissance de ces pratiques, risquent ainsi de limiter leur accès aux certifications « développement durable ».

⯈ Matériel végétal non contrôlé

En Indonésie, ce matériel non contrôlé est surnommé *Dari belakang Podonk*, c'est-à-dire « de derrière le campement ». Des pépinières sont ainsi souvent rencontrées aux abords des villages ou des campements aussi bien en Afrique, en Amérique latine qu'en Indonésie. Ces pépinières sont souvent conduites dans de très petits sachets. Par manque d'engrais ou d'arrosage, leur aspect est souvent misérable. Ces pépinières « sauvages » n'hésitent pas à garantir l'origine réputée de leurs plants.

Par nature, il est très difficile de connaître les superficies exactes plantées avec ce type de matériel végétal. D'expérience, nous savons qu'il est très fréquemment utilisé en Afrique de l'Ouest. Par ailleurs, des études estiment qu'il est présent sur environ un quart des superficies plantées en Indonésie entre 1997 et 2004.

Ce matériel végétal non contrôlé provient le plus souvent de fruits ou de jeunes plantules spontanément développées, collectés au pied de palmiers plantés avec du matériel dura x pisifera commercial voire de palmiers dura.

Dans la plupart des cas, ce matériel végétal est le résultat de fécondations tenera x tenera. Ainsi, il contient nécessairement 25 % de palmiers dura, 25 % de pisifera et 50 % de tenera. Les palmiers pisifera sont stériles et le taux d'extraction d'huile des palmiers dura est inférieur de 25 % à celui de palmiers tenera de même origine. Ce matériel végétal souffre aussi d'un important problème de consanguinité induisant une réduction de la productivité de 60 %.

Le tableau 6.1 explique la valeur théorique espérée du matériel végétal non contrôlé. Des données commerciales ont pu être collectées dans deux plantations indonésiennes ayant planté ce type de matériel végétal et du matériel dura x pisifera commercial. Comme le montre le tableau 6.2, la productivité très faible du matériel végétal non contrôlé est confirmée. La marge brute que peut espérer le planteur de matériel végétal non contrôlé ne représente que 36 % de celle d'un planteur de matériel dura x pisifera de qualité. Finalement, le bilan de l'utilisation de ce type de matériel végétal de piètre qualité est très mauvais : plus de surfaces sont nécessaires pour produire la même quantité d'huile, avec un revenu très faible. En définitive, les États, les populations et l'environnement sont fâcheusement désavantagés par cette utilisation.

Tableau 6.1. Valeur espérée du matériel non contrôlé.

Type de matériel	Origine des semences	Pertes dues au type D, T ou P	Hétérosis	Consanguinité	Potentiel
Semences commerciales DxP	Producteur de semences	0	oui	non	100,00 %
25 % dura, 50 % tenera, 25 % pisifera	Non contrôlée	-32 %	non	oui	39 %

Tableau 6.2. Potentiel observé de «fausses» semences.

Plantation	Type de matériel végétal	Production de régimes (t/ha/an)				
		3 ans	4 ans	5 ans	6 ans	Moyenne
PT Socfindo LB	DxP	14,0	18,0	24,0	26,0	20,5
Plantation X	«Fausses» semences	0,0	3,7	4,4	3,6	3,9

Matériel végétal contrôlé

Principes

Lorsque les meilleures descendances ou les meilleurs parents ont été identifiés, deux techniques existent pour exploiter cette information vers la sortie variétale : la production de semences commerciales et le clonage *in vitro*. La première est utilisée depuis longtemps tandis que la seconde reste encore au stade expérimental.

Voie sexuée

Refaire un croisement issu des tests de géniteurs ne permet pas d'obtenir un nombre suffisant de semences. Par contre, un effet multiplicateur est possible en croisant deux ensembles d'arbres issus de l'autofécondation de chacun des parents constituant un jardin parental (figure 6.3). Une amplification est possible, lorsque l'on augmente le parc de géniteurs en faisant des croisements entre frères au sein des populations concernées.

Les producteurs de semences appliquent des techniques éprouvées et suivent des normes rigoureuses pour leurs itinéraires techniques. Depuis le début des années 2000, ils sont peu ou prou tous certifiés selon des normes ISO. Si ces normes garantissent au planteur une excellente légitimité et la qualité du matériel végétal qu'il achète, le potentiel de production de ce matériel ainsi que son adaptation à ses besoins dépendent du programme d'amélioration lui-même et non de la certification ISO.

Les trois opérations principales présidant la production de semences et incluses dans la certification sont les suivantes.

1. Fécondation artificielle : isolement des inflorescences, récolte du pollen, préparation et stockage de celui-ci, fécondation et rupture de l'isolement.

2. Préparation et stockage des semences :
– collecte et enregistrement des données,
– récolte, préparation des semences et conditions de stockage.

3. Germination et livraison : premier trempage, chauffage, second trempage, préchauffage ou germination, stockage des semences préchauffées ou germées, emballage, livraison et formalités administratives.

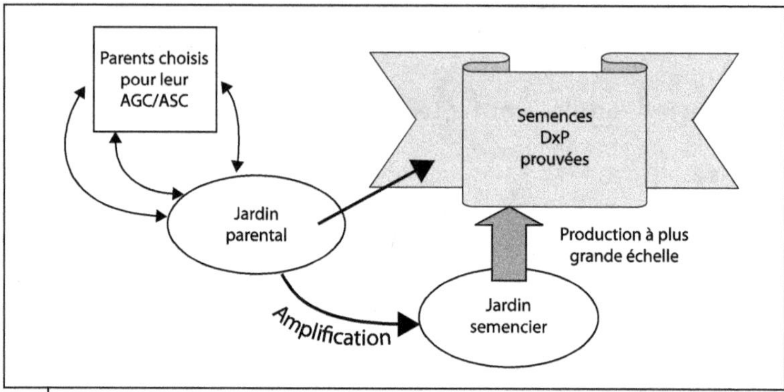

Figure 6.3.
Schéma de production de semences.

Voie clonale

La multiplication végétative du palmier à huile est inconnue dans la nature (planche 1). Elle n'est possible que par voies artificielles faisant appel à l'embryogenèse somatique. Ses principes sont relativement simples : des organes juvéniles (feuilles de flèches, apex racinaires, jeunes inflorescences notamment) sont prélevés sur des individus jeunes (plants de pépinière) ou adultes. Des fragments de ces organes sont mis en culture sur un milieu permettant la production de cals nodulaires. Des embryons sexués peuvent être également mis en culture de la même manière. Ensuite, ces cals sont prélevés et transférés vers un autre milieu favorisant l'apparition d'embryons somatiques ou embryoïdes.

Ces embryoïdes sont ensuite transférés vers un milieu de culture permettant leur multiplication. Deux voies sont possibles : une voie classique sur milieu solide et une seconde voie faisant appel à un milieu liquide. La première voie est actuellement la plus utilisée dans les laboratoires proposant des clones de palmier à huile. La seconde est en cours de validation par le Cirad.

Ensuite, les massifs d'embryoïdes sont mis à débourrer. Les pousses feuillées obtenues sont enracinées à l'aide d'un traitement spécifique. À la sortie du laboratoire, les plantules sont acclimatées puis conduites de la même façon que les plantules d'origine sexuée.

La voie classique de clonage n'ayant pas permis de développer un matériel ayant une conformité suffisante, en raison de la présence d'anomalies végétatives, d'anomalies florales *(mantled)* et de l'incertitude sur le caractère normal du clone, son essor comme mode de multiplication est resté très limité.

Une large diffusion commerciale des clones interviendra réellement lorsque tous les paramètres permettant de passer à une production à grande échelle seront maîtrisés. En effet, l'équivalent clonal de la production de semences actuelle d'un pays comme l'Indonésie (environ 100 millions de graines germées) représente plusieurs centaines de milliers de mètres carrés d'étagères.

▐▌ Contrôle qualité

Le contrôle qualité est un des points les plus importants sur lequel le planteur doit porter son attention lorsqu'il s'approvisionne en matériel végétal. En effet, l'investissement de la plantation sera exploité entre 20 et 30 années. La mise en place d'un système de contrôle intégré, des emballages «tous temps», des équipements de contrôles performants et des méthodes de suivi et de contrôle standardisées sont les seules possibilités pour assurer la meilleure qualité des semences.

Ainsi, les producteurs de semences font porter leur système de contrôle sur l'ensemble des opérations décrites plus haut. Le tableau 6.3 donne un exemple de ce qui est fait chez un producteur de semences certifié ISO, partenaire du Cirad, pour assurer le traçage et la qualité du matériel proposé.

Valeur du matériel végétal obtenu

Outre les qualités attendues citées en introduction de ce chapitre, il faut noter que la productivité du palmier à huile, en termes d'huile de palme à l'hectare, dépend largement des conditions agro-climatiques, en particulier de la pluviométrie (en quantité et en répartition), de l'ensoleillement, du sol et des pratiques agronomiques, depuis la pré-pépinière jusqu'à la récolte des régimes.

Tableau 6.3. Charte de contrôle de la qualité.

Étape		Caractéristique contrôlée	Qualité requise
Préparation du pollen	Ensachage	Isolement	Absence d'insectes, mise en place du sac, qualité du sac et fixation
		Identité des parents	Correspondance entre étiquette et identité du palmier
	Récolte	Isolement	Comparaison date ensachage et date d'anthèse
			Intégrité du sac, absence d'insectes
	Conditionnement	Vide	Pression résiduelle < 5 mm de mercure
		Viabilité	Germination du pollen > 70 %
		Humidité	Entre 3 et 8 %
		Durée de stockage	Maximum 6 mois (en général)
Fécondation	Ensachage	Isolement	Absence d'insectes, mise en place du sac, qualité du sac et fixation
		Identité des parents	Correspondance entre étiquette et identité du palmier
	Fécondation	Isolement	Comparaison date ensachage et date d'anthèse
			Intégrité du sac, absence d'insectes
			Fécondation à blanc
		Identité du pollen	Correspondance étiquette pollen et étiquette régime
	Enlèvement du sac	Isolement	Comparaison date enlèvement et date de pollinisation
			Intégrité du sac et absence d'insectes

Tableau 6.3. Charte de contrôle de la qualité. *suite*

Étape		Caractéristique contrôlée	Qualité requise
Préparation des semences	Récolte du régime	Légitimité	Bonne fixation au régime de l'étiquette d'identification
			Élimination des fruits tombés au sol
	Préparation des semences	Finition	Élimination des régimes de moins de 300 fruits
			Élimination des graines blanches, petites ou cassées
			Absence de résidus de pulpe
		Embryon	90 % des embryons doivent être normaux
		Identité	Correspondance étiquette de stockage et étiquette de fécondation
	Germination	Avant les opérations	Absence de champignons ou d'insectes
		Pendant les opérations	Identification des catégories sac par sac
			Intégrité des sacs, fermeture du sac
		Stockage	Humidité des graines
		Chauffage	Température de chauffage, aération
	Livraison des semences	Semences sèches et préchauffées	Germination des témoins
		Graines germées	Tri graine par graine, élimination de tout germe anormal
		Tous types	Identification par catégorie sac par sac
			Contrôle des expéditions incluant la documentation administrative

Ainsi le même matériel végétal commercial produisant 4,25 tonnes d'huile/ha (17 tonnes de régimes à 25 % d'extraction) dans les conditions de Côte d'Ivoire (sables tertiaires, 1 450 mm de pluies avec deux saisons sèches) dépassera 8 tonnes d'huile/ha en Indonésie (sols d'origine volcanique, 2 700 mm de pluie bien répartie). Il n'atteindra que 2,2 tonnes/ha au Bénin (terre de barre, 1 200 mm de pluie).

Néanmoins, le palmier à huile est la plante oléagineuse ayant le plus fort potentiel de production d'huile par hectare de toutes les plantes cultivées.

7. Le choix des terrains

Le choix des terrains est un élément majeur de la rentabilité future des plantations. À travers des études et une cartographie appropriées, il sera possible de préparer les documents indispensables à la réalisation des études de faisabilité mentionnées précédemment. Le choix des terrains aura un impact direct sur la capacité du projet à répondre aux critères de durabilité, s'il s'agit d'une nouvelle plantation. Ce choix pourra être également revu lors d'une replantation d'un cycle de palmier afin de permettre l'accès à une certification de type RSPO.

Les aspects les plus importants à cet égard concernent la carte d'utilisation des sols, la conservation de la qualité des eaux, de la fertilité du sol, de la biodiversité et de la vie sauvage ainsi que la bonne gestion du puits de carbone.

Études et cartographie des terrains

Un certain nombre d'opérations préliminaires sont indispensables pour rassembler toutes les informations nécessaires.

Préparation des études

Relevés météorologiques

La bonne connaissance de la pluviométrie, qui est l'un des facteurs de production les plus importants, est une des clefs de ces études préliminaires. Il ne faut pas se contenter de la pluviométrie annuelle, mais aussi collecter des informations sur la répartition mensuelle des pluies. Ces informations peuvent aussi bien provenir des stations météorologiques nationales ou régionales ou de postes météorologiques installés sur des plantations déjà existantes. Il faut être attentif à la possibilité de gradients pluviométriques significatifs liés à la présence de reliefs ou d'une bordure maritime à proximité du site du projet. L'accès à des relevés de températures ou de vents dominants, la connaissance des phénomènes météorologiques saisonniers (vents dominants, tempêtes, cyclones, mousson, fœhn, etc.) sont des atouts.

Cartes géographiques et topographiques

Ces cartes permettront de diviser la zone du projet en différents types de paysages. Certains pourront être éliminés d'emblée pour :
– abondance de pentes supérieures à 20° (ou 38 %) ;
– extrême densité du réseau hydrographique ;
– présence de larges zones marécageuses ou inondables difficiles à mettre en valeur ;
– présence de tourbe de plus de 3,5 m de profondeur ;
– présence de forêt primaire ;
– présence de larges zones de cultures vivrières ;
– autre cause incompatible avec une plantation rationnelle de palmier à huile.

Photographies aériennes et images satellitaires

Ces photographies et ces images permettront de compléter les cartes précédentes, notamment pour confirmer la topographie (image laser), évaluer les différents types de végétation, visualiser les larges associations de sols et la présence humaine. Le pouvoir de résolution actuel de l'imagerie satellitaire (jusqu'au pixel de 1 mètre) n'est plus un facteur limitant de la qualité de la cartographie que l'on pourra élaborer.

Cartes géologiques et pédologiques

Ces cartes, si elles sont disponibles, sont importantes à consulter car elles permettent d'orienter les phases ultérieures du travail.

Études des terrains

Ces études sont plutôt spécifiques à la création de nouveaux projets. Mais, en prévision d'un programme pluriannuel de replantation, des études détaillées ou semi-détaillées d'aménagement pourront être conduites sur tout ou partie des superficies concernées.

Études de reconnaissance

La précision et la densité des renseignements recueillis dans le cadre d'une prospection de reconnaissance dépendent beaucoup de la qualité des informations collectées précédemment. Cette prospection a pour but de vérifier et de compléter les informations tirées des documents. Il s'agit, pour l'évaluation agronomique de chaque type de paysage, de localiser les secteurs devant faire l'objet d'études complémentaires.

Ces études de reconnaissance seront suffisantes pour réaliser une étude de préfaisabilité, ou directement une étude de faisabilité si le paysage est très homogène.

Le réseau de layonnage sera de type dirigé, permettant l'étude de toposéquences, ou bien il sera choisi d'après l'étude des documents cartographiques. Un layonnage systématique à large maille ne sera réalisé que si la zone du projet n'est pas correctement couverte par les cartes, images satellitaires ou photos aériennes disponibles.

Études semi-détaillées

Elles consistent à poursuivre l'étude des zones retenues. Les observations sont réalisées sur un réseau plus ou moins systématique de layons parallèles équidistants de 1 à 2 km. La direction des layons tient compte du modelé général de la zone et doit recouper perpendiculairement le sens d'écoulement du réseau hydrographique. Le positionnement de ce réseau doit être extrêmement précis afin de pouvoir être reporté sans erreur sur une carte.

Les effectifs nécessaires pour ces différents travaux (ouverture des layons, observations diverses, prises d'échantillons de sol, observation de la végétation et de la faune, etc.) peuvent être de plusieurs dizaines de personnes sous l'autorité d'un responsable de projet. Les besoins en matériel (théodolite, GPS avec base de référence, microinformatique portable, boussoles, matériel d'arpentage, tarières, clisimètres, sacs pour échantillons, appareils photographiques numériques), en véhicule (véhicule tout terrain pour le transport du personnel et du matériel, éventuellement bateaux) et en intendance (matériel de campement, nourriture, premiers soins, énergie) sont importants. Ces travaux peuvent être réalisés par des sociétés spécialisées dans ce type d'études.

En général, ces études permettront de délimiter sur carte et par grandes masses les zones réservées aux communautés présentes dans et autour du projet, les zones réservées aux couloirs de biodiversité pour leur haute valeur conservative, et les zones adaptées à une plantation de palmier à huile. Elles permettront une étude de faisabilité et la documentation des études d'impact environnemental et social.

Études détaillées d'aménagement

Elles aboutissent à la localisation précise des blocs de plantation. Sont indiqués tous les emplacements des routes, des ponts, des travaux spéciaux d'aménagement, des zones tampons en bordure de rivières et fleuves, des villages, etc. Une cartographie géo-référencée précise, à l'aide de systèmes de positionnement géographique lié à une base connue (par exemple, Trimble Pathfinder™ Global Positioning System) et les progiciels associés (Geo Explorer™, Pathfinder Office™, ArcView™ et MapInfo™), sera réalisée afin de préparer la mise en place ultérieure des systèmes d'information géographiques (Sig) et des éléments cartographiques nécessaires à une agriculture de plantation de précision.

Observations à réaliser

Les relevés concernant la topographie, l'hydrographie, la végétation et la faune sont réalisés en continu sur tous les layons. Il est préférable de conduire l'observation de la faune séparément avec une petite équipe, car les animaux sont souvent dérangés par l'activité intense des équipes de layonnage. Les séries de sol sont définies par des études de profils, réalisés sur paroi de fosses, et les variations spatiales sont obtenues par des prélèvements à la tarière. La densité des points d'observation, jusqu'à 10 points par kilomètre, dépendra de l'hétérogénéité des sols.

Échelle des documents cartographiques

Étude de reconnaissance : échelle 1/100 000ᵉ.

Étude semi-détaillée : échelle 1/50 000ᵉ.

Étude détaillée : échelles 1/20 000ᵉ et 1/10 000ᵉ.

Les cartes qui pourront être fournies sont les suivantes :
– localisation de la zone d'étude ;
– modelé : topographie et hydrographie ;
– types de végétation et faune ;
– types de sols (séries et classes agronomiques) ;
– carte de zonage (communautés, réserves, plantation) ;
– plans d'aménagement parcellaire.

Caractérisation des sols

La bonne connaissance des sols est indispensable pour élaborer un projet de développement de palmier à huile. En général, les spécialistes classent les sols par rapport aux restrictions que peuvent apporter certaines de leurs caractéristiques aux performances de la future plantation (tableau 7.1). Cette caractérisation est recommandée lors de la préparation d'un programme de replantation si elle n'a pas

Tableau 7.1. Classification des sols en Asie du Sud-Est.

Caractéristiques des sols	Classement Mohd Arif	Classement Paramananthan	
	Classe	Ordre	Classe
Sols sans contrainte ou avec contraintes mineures	I	Convient à la culture du palmier à huile	S1 excellent
Sols avec contraintes modérées	II	Convient à la culture du palmier à huile	S2 bon
Sols avec une contrainte forte	III	Convient à la culture du palmier à huile	S3 marginal
Sols avec plus d'une contrainte forte	IV	Ne convient pas à la culture du palmier à huile	N
Sols avec au moins une contrainte très forte	V	Ne convient pas à la culture du palmier à huile	N

été faite lors de la création de la plantation. Elle est aussi indispensable pour évaluer un ensemble de terrains que l'on souhaite acheter.

Les restrictions d'usage pourront avoir pour origine aussi bien les caractéristiques physiques que chimiques ou topographiques.

Les sols de type III ou S3 ne doivent pas représenter plus de 10 % de l'ensemble des superficies finalement retenues pour être plantés en palmier. L'aménagement des sols de type IV, V ou N n'est pas recommandé car l'investissement sera lourd pour un résultat incertain. Des pentes supérieures à 30 % ou les tourbes profondes relèvent de la classe IV ou N.

▷ Caractéristiques physiques

Le sol peut être considéré comme un système poreux à trois phases : solide, liquide et gazeuse. Certaines caractéristiques de ce système sont permanentes comme la texture. D'autres sont soumises à des facteurs contingents climatiques, biologiques ou mécaniques qui la modifieront et qui pourront interférer avec l'appréciation de la texture. L'équilibre des phases solides, liquides et gazeuses se déplace constamment notamment en fonction de l'humidité du sol qui modifie la structure.

Texture

La texture des sols fait partie des caractéristiques permanentes de ceux-ci. Elle est la résultante des effets des différents constituants et de leur interaction entre eux.

Cette texture est décrite par les proportions relatives en sables, limons et argiles constituant un horizon particulier. Les seuils relatifs à ces différents éléments pour la classification du sol doivent faire intervenir aussi d'autres informations comme la pluviométrie ou la présence de nappe phréatique. Par exemple, un sol sableux contenant moins de 15 % d'argile et de limon peut convenir en absence de tout déficit hydrique ou en présence d'une nappe phréatique bien alimentée. Un sol très argileux ne convient pas dans le cas de déficit hydrique avéré car il devient très compact en saison sèche avec éventuellement l'apparition de fentes de retrait pour certains types d'argiles à phyllosilicates.

Éléments grossiers

Il s'agit de tous les éléments non organiques mélangés à la terre fine et dont la taille est supérieure à 2 mm. Ils sont d'origines diverses : fragments de roche-mère, quartz, gravillons ferrugineux et manganésiens, débris de cuirasse, galets de rivière, bombes volcaniques, etc. Leurs dimensions varient de quelques millimètres (graviers) à plusieurs dizaines de centimètres (pierres). Ils constituent un milieu défavorable car ils font obstacle au développement des racines et affectent la capacité de stockage en eau du sol.

Hydromorphie

Une hydromorphie de longue durée induit des conditions de sol anaérobies, extrêmement défavorables au palmier à huile.

Si les autres caractéristiques du sol sont convenables, il est possible de cultiver sur ce sol après drainage et aménagement. Néanmoins, le drainage devra être limité de façon à pouvoir maintenir la nappe entre 60 et 80 cm de la surface du sol, en toutes saisons. De trop grandes amplitudes du niveau de la nappe sont dommageables car l'eau risque d'être inaccessible aux racines absorbantes en saison sèche.

Il convient de vérifier que cette hydromorphie n'est pas due à un horizon très compacté proche de la surface placé au-dessus d'une couche très épaisse de sables presque purs (par exemple, en forêt à Kerangas sur Bornéo). La mise en place d'un système de drainage

perforant cette couche serait catastrophique, car toute l'eau disponible disparaîtrait en profondeur.

Dans d'autres cas, l'hydromorphie est due à une cause interne liée à la structure ultrafine du sol comme par exemple la présence de gleys purs. Ce type d'hydromorphie est très difficile à corriger car l'eau se déplace très difficilement dans ce type de sol.

Profondeur

Le sol devra être le plus profond possible pour permettre un bon ancrage des palmiers. Une évolution progressive de la compacité ou de la teneur en éléments grossiers de la surface en profondeur est beaucoup plus favorable que la présence de changements brutaux tout au long du profil. Si l'alimentation en eau et en éléments minéraux est correcte, des sols de profondeur effective de moins d'un mètre peuvent convenir.

Caractéristiques chimiques

Les niveaux indicatifs en éléments chimiques ont été proposés dans le tableau 3.1 (voir page 32).

Matière organique et azote

La matière organique joue un rôle important dans l'élaboration de la structure et de la porosité des horizons supérieurs du sol. Elle assure un rôle de liant entre les différents éléments. Dans les conditions tropicales où les sols sont souvent acides, elle forme un complexe argilo-humique mettant à la disposition des racines les cations entraînés dans les percolats.

Dans les conditions tropicales, si l'on excepte les sols tourbeux, la teneur en matière organique a toujours tendance à décroître avec le temps. De bonnes pratiques culturales telles que l'absence de brûlage, le contrôle de l'érosion, la mise en place rapide de la plante de couverture, le bon positionnement des feuilles coupées à l'élagage ou à la récolte, le retour des rafles au champ, soit telles quelles, soit sous forme de compost sont recommandées pour ralentir le phénomène.

Les sols tourbeux se divisent en trois types selon leur degré de minéralisation : les tourbes fibriques non minéralisées, les tourbes humiques et les tourbes détritiques fortement minéralisées. Cette classification est souvent croisée avec leur profondeur. De fait, seules les tourbes détritiques ou éventuellement humiques de moins de 2 mètres de profondeur peuvent être considérées comme convenant à la culture du palmier à huile.

Le taux d'azote disponible est fortement influencé par le pH du sol et son drainage. Les éléments clefs sont donc le pH, la teneur en carbone organique, l'azote total et le rapport C/N.

Phosphore du sol

Seule une faible proportion du phosphore du sol est disponible directement pour la plante. Il s'agit de celle qui est contenue dans la solution du sol. Le reste est fixé dans les composants minéraux de celui-ci. Il ne sera disponible que s'il en est extrait par une activité biologique comme par exemple l'action des mycorhizes, champignons (Ascomycètes ou Basidiomycètes) vivant en symbiose avec la plante. Le paramètre important est donc le phosphore assimilable Olsen ou Bray.

Capacité d'échange de cations

La capacité d'échange de cations, ou CEC, mesure la capacité du sol à retenir le potassium, le magnésium et le calcium sous une forme assimilable par la plante. Ces cations sont fixés par les ions négatifs portés par les argiles et la matière organique. Pour certains types de sols, la CEC est dépendante du pH (par exemple, en présence de kaolinite, humus, oxydes de fer ou d'aluminium). Pour éviter une surestimation de la CEC, il peut être utile d'évaluer la CEC effective au pH actuel ou CECE.

Concentration en potassium, calcium et magnésium

La plus grande partie des cations assimilables provient des sites échangeables de la matière organique. La définition des teneurs en cations échangeables est donc importante. Dans certains cas, une forte teneur en calcium ou en magnésium échangeable perturbera l'absorption du potassium par la plante.

Saturation

La saturation en bases fait référence à la proportion de la CEC constituée par K, Ca, Mg et Na. Une faible saturation signifie que K, Ca et Mg ont été lessivés et remplacés par l'aluminium et l'hydrogène. Une forte saturation dans un sol à faible CEC signifie que la capacité du

sol à stocker et à libérer K et Mg est faible. Dans ce cas, des apports fréquents en quantité faible sont plus efficaces qu'une seule application annuelle.

Acidité

L'acidité du sol n'est pas un facteur gênant pour la culture du palmier à huile sauf dans le cas de conditions extrêmes rencontrées dans les sols sulfatés acides. Ces sols sont mal drainés, souvent proches du bord de mer. En général, le seuil admis est un pH égal à 4 au-dessous duquel pourrait se développer une toxicité aluminique.

Salinité

Le palmier à huile ne tolère pas les sols salins, ni la présence d'eau saumâtre dans les 50 premiers centimètres de sol. Au-delà de 5 à 10 % de Na^+ dans la CEC, les qualités physiques et structurales du sol se dégradent. Si nécessaire, il faut chercher à déplacer les ions Na^+ et à les remplacer par des ions H^+ ou Ca^{++}.

Oligo-éléments toxiques

Il s'agit de cas assez rares rencontrés sur des sols dérivés de roches ultrabasiques. Géologiquement, ces roches sont liées à l'activité volcanique ou à des obductions. La présence de nickel ou de chrome dans ces sols a un effet toxique, très difficile à corriger. Ces sols ne sont pas recommandés pour la culture du palmier à huile.

8. La mise en place d'une palmeraie

Ainsi que nous l'avons souligné dans le chapitre 5 (Les études préliminaires à un projet de plantation de palmier à huile) et le chapitre 7 (Le choix des terrains), la création d'une palmeraie doit être précédée par des études de faisabilité dont les résultats permettront d'apprécier la probabilité de réussite de l'opération. L'importance de ces études dépend de la dimension du projet. Elles doivent être réalisées par des spécialistes. Nous n'aborderons dans ce chapitre que les aspects agronomiques de la création d'une palmeraie. Nous y indiquerons, si nécessaire, les impératifs à respecter pour se conformer aux règles de développement durable.

Infrastructures

L'infrastructure routière d'une plantation commerciale a souvent été organisée selon un réseau kilométrique Est-Ouest et Nord-Sud géographique. Ce n'est pas toujours possible ni parfois souhaitable.

Il faut chercher la solution la plus adaptée :
– à la situation géomorphologique ;
– aux résultats du choix des sols ;
– au type de transport des récoltes.

On essaiera de se rapprocher de la configuration suivante : blocs de 100 hectares divisés en 4 parcelles de 25 ha avec chacune 128 lignes de 26-27 palmiers. Ces lignes de 250 m sont bien adaptées aux situations où le transport de la récolte bord-champ doit se faire manuellement. Dans le cas d'un transport animal ou mécanisé, des lignes plus longues sont à envisager afin de réduire le coût global d'infrastructure et d'entretien des pistes. Dans ce cas, il est impératif d'aménager et d'entretenir au milieu de chaque parcelle un sentier piéton, facilitant les opérations de contrôles.

▶ Cas des plantations sur plateau

Avant de réaliser le réseau routier, il est important d'analyser soigneusement la configuration du terrain et du parcellaire. Il faut déterminer les emplacements des passages d'eau à mettre en place sous forme de ponts ou de passages busés, le réseau d'évacuation des eaux de pluie s'il s'avère nécessaire ainsi que les zones à haute valeur conservative retenues. Une piste en bordure du périmètre de la plantation est indispensable à la bonne surveillance.

Dans le cas des plantations familiales, il est important qu'elles gardent un accès proche d'une piste carrossable pour une évacuation aisée de la production. En effet, les usines ou les intermédiaires ne vont pratiquement jamais chercher les régimes bord-champ si l'accès des parcelles n'est pas aisé par tout temps.

Cas des plantations sur terrains accidentés

La mise en valeur de ce type de terrain doit être particulièrement bien réfléchie. Les zones présentant majoritairement des pentes excédant 15 % ne devraient pas être mises en valeur mais maintenues sous forme de réserves de biodiversité. Si ces zones se trouvent en bordure de concession, il pourrait être utile d'en mettre en valeur une bande de 250 à 300 m de profondeur afin de la protéger contre toute pénétration illégale. Bien entendu, le réseau de pistes, le traçage des limites de blocs et celui des terrasses mécaniques doivent prendre en considération la topographie du terrain.

Cas des plantations en zones hydromorphes à nappe

Les zones hydromorphes à nappe sur tourbes ne sont pas exploitables du point de vue du développement durable. Il ne sera donc évoqué ici que le cas des zones hydromorphes à nappe sur sols minéraux ou présentant des poches très limitées de tourbe très peu profonde et évoluée. Ces zones devront être favorablement évaluées dans le cadre des études de faisabilité.

Le plan d'infrastructure routière est étroitement dépendant du plan de drainage du périmètre. En effet, afin d'en faciliter l'entretien, les collecteurs primaires et les drains secondaires sont doublés d'une piste. Le réseau de drainage doit permettre l'évacuation d'une précipitation brutale excédentaire (plus de 200 mm en 24 à 48 heures) ainsi que celle des eaux collectées par le bassin versant en une dizaine de jours. Les palmiers adultes sont capables de supporter une inondation temporaire pendant ce laps de temps.

Le réseau de drainage doit aussi pouvoir être fermé au niveau de chaque bloc afin de pouvoir réguler finement le niveau de la nappe phréatique. Dans la mesure du possible, celui-ci devrait être maintenu entre 1 et 2 m de profondeur.

Il ne faut pas oublier que le drainage d'une vaste étendue hydromorphe à nappe entraînera automatiquement un rabattement de la nappe phréatique dans les zones environnantes.

Les pistes intérieures au périmètre peuvent être flottantes sur les sols tourbeux ou assises sur un sol plus stable. La piste de bordure peut être capitale si elle doit servir de digue. Son emprise et sa hauteur seront fonction des crues ou des marées qu'elle devra contenir pour protéger le périmètre. L'endiguement réduisant la surface d'épandage disponible, il conviendra de garder une marge de sécurité suffisante par rapport à la hauteur de crue de référence.

Piquetage

Il faut procéder tout d'abord à la coupe des piquets (bambous éclatés ou portion de rachis de feuilles de palmier) et à leur transport sur le terrain. Il est préférable d'éviter de couper des jeunes arbres ou arbustes dans le sous-bois des réserves forestières pour fournir des jalons, car cela met en grand danger la survie de celles-ci.

▶ Piquetage rectiligne

Cas des extensions

La densité la plus utilisée pour le palmier à huile est de 143 arbres par hectare. Sur le terrain, elle correspond à un dispositif en triangle équilatéral de 9 m de côté, soit un écartement de 7,80 m entre lignes.

L'équipement de base utilisé pour cette opération comprend : un théodolite, une équerre optique, une boussole et un double décamètre.

Le piquetage se pratique en trois étapes : détermination des emplacements des pistes kilométriques ou principales lors de la mise en place des infrastructures, piquetage des têtes de ligne des blocs (indispensable pour l'andainage) et enfin, piquetage des emplacements des palmiers (figure 8.1).

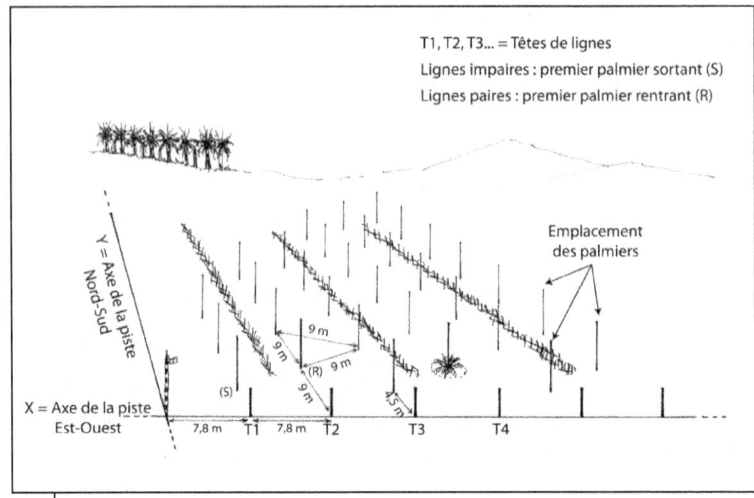

Figure 8.1.
Exemple de piquetage sur extension.

Dans le cas d'une masse végétale faible et d'une bonne visibilité, savane ou jachère par exemple, il est possible de piqueter plusieurs lignes à la fois. Une ligne de base est matérialisée toutes les 6 lignes de palmiers. Elle est jalonnée par des petits piquets tous les 4,5 m en partant de l'axe principal Est-Ouest (E-O). Les lignes intermédiaires sont piquetées à l'aide d'un cordeau de 46,8 m portant une marque bien visible tous les 7,80 m. Ce cordeau est tendu entre 2 piquets homologues de 2 lignes de base. Les lignes intermédiaires sont piquetées de proche en proche, les premiers emplacements étant situés à 9 m de l'axe de la piste principale, 1 ligne sur 2. Les piquets en surnombre sont enlevés sur les lignes de base pour ne laisser qu'un piquet tous les 9 m.

Dans tous les cas où l'andainage est nécessaire, il faut procéder différemment. Toutes les têtes de ligne sont mises en place sur les lignes de base E-O puis dans le sens Nord-Sud (N-S), l'emplacement des lignes de palmiers est matérialisé tous les 50 à 60 m par des grands piquets bien visibles. L'emprise des andains est matérialisée par un piquetage spécifique situé à 2 m de la tête de ligne. Ce piquetage sert à guider les opérations d'andainage qui laissent dégagé 1 interligne sur 2 (andainage alterné). L'andainage achevé, il est procédé au piquetage définitif des lignes de palmiers.

Cas des replantations

En replantation et selon les circonstances, plusieurs cas sont possibles :
- dans le cas où des maladies présentes à la génération précédente de palmiers (fusariose ou *Ganoderma*) nécessitent de replanter au plus loin des anciens emplacements, il est nécessaire de conserver la même densité et d'établir les nouvelles lignes au milieu de l'inter-ligne de la génération précédente ;
- dans le cas où la topographie y incite, il est conseillé de changer de densité et de passer d'un dispositif rectiligne à celui en courbes de niveau, supposant alors une révision complète du mode de piquetage ;
- dans le cas général, il est préférable de conserver la même densité et les mêmes positions de lignes en décalant simplement chaque emplacement de palmier d'un demi-intervalle (4,5 m) sur la ligne.

Il n'est pas rare de constater des différences sensibles de localisation des lignes d'une génération à l'autre, notamment si le positionnement du nord géographique n'est pas bien effectué ou si les appareils de mesure de distance, tel le décamètre, sont de qualités différentes.

L'emplacement définitif des palmiers doit être nivelé sur un rayon de 2 m.

Piquetage en courbes de niveau

Le piquetage décrit ici est celui de la méthode de P.T. Socfindo.

La densité de palmiers à planter dépendra de la pente moyenne observée :
- jusqu'à 10° : 143 arbres/ha ;
- de 10° à 15° : 145 arbres/ha ;
- de 15° à 20° : 147 arbres/ha ;
- de 20° à 25° : 149 arbres/ha.

La ligne de base du bloc est déterminée par la ligne de pente la plus forte (figure 8.2). Les têtes de lignes sont placées ensuite sur cette ligne avec un écartement de 7,2 m. Elles fixent le départ des terrasses en courbes de niveau dont les intervalles varient en fonction de la topographie. Si l'écartement entre 2 courbes de niveau est inférieur à 7,2 m, la terrasse est interrompue. Si l'écartement devient supérieur à 8,8 m, la terrasse est également arrêtée et une nouvelle est installée à 7,2 m de celle qui est immédiatement supérieure.

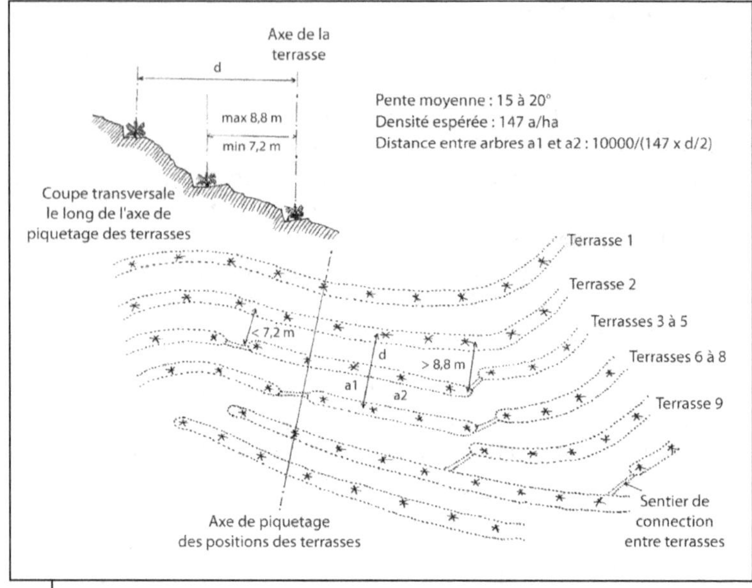

Figure 8.2.
Exemple de piquetage en courbes de niveau.

Les écartements entre les emplacements des palmiers le long d'une courbe de niveau dépendent de l'intervalle moyen avec les terrasses immédiatement supérieures et inférieures selon la formule :

E = 10000/(densité espérée x distance moyenne avec les terrasses adjacentes).

Cet écartement variera ainsi entre un minimum de 7,6 m et un maximum de 9,7 m. Pour faciliter les opérations ultérieures, chaque terrasse devra être identifiée par des piquets de couleurs différentes, sur une base tricolore bien visible comme rouge, jaune et bleu.

Le réseau de pistes doit être dessiné de façon à couper toutes les terrasses.

Préparation du terrain

Les travaux de préparation des surfaces à planter doivent préserver la structure des sols, voire l'améliorer.

◗ Abattage et tronçonnage

Cas des extensions sur forêt

Comme les opérations décrites se situent dans une perspective de développement durable, ces extensions sur forêt respectent impérativement les critères décrits précédemment notamment ceux concernant la valeur conservative de cette forêt.

Au préalable, les éléments d'appréciation sur la densité et la nature du couvert forestier doivent être réunis. Ces observations permettent de préciser les techniques à employer.

Cas d'une forêt dense

Selon les critères cités plus haut et notamment les principes et critères RSPO, il ne devrait plus y avoir de plantation de palmeraies commerciales sur forêt dense.

Cas d'une forêt dégradée ou savane

Les arbres sont abattus à la tronçonneuse après avoir procédé à un débroussaillage manuel ou mécanique selon les possibilités. Après séchage, il est préférable de mettre en œuvre directement les opérations de délimitation des blocs et des lignes afin d'andainer la masse végétale. L'utilisation du feu pour nettoyer le terrain n'est pas une pratique respectueuse de l'environnement et dans de très nombreux pays, notamment en Asie du Sud-Est, est interdite par la loi.

Cas des forêts marécageuses

Ici encore, la mise en valeur d'une forêt marécageuse de grande superficie ne répond pas aux critères de développement durable.

Seules des petites poches présentes dans le périmètre seront ainsi préparées. Ces forêts sont souvent très touffues et difficilement pénétrables. Les opérations doivent donc toujours commencer par un rabattage soigné du sous-bois. L'abattage des arbres se fait uniquement à la tronçonneuse. Le nettoyage du terrain par le feu, non recommandé voire interdit, peut s'avérer catastrophique sur les poches de tourbe.

Cas des replantations

Plusieurs techniques sont couramment utilisées pour la replantation.

L'abattage des palmiers peut être réalisé manuellement au ciseau en coupant les racines autour du plateau racinaire. Un tracteur léger à chenilles équipé d'une flèche peut aussi être employé. Les palmiers abattus sont ensuite sectionnés en tronçons de 2 à 3 m si l'andainage est manuel. Ils sont poussés entiers si l'andainage est mécanisé.

La lutte contre *Strategus, Oryctes, Ganoderma,* ainsi que la réduction de l'emploi d'herbicides a conduit en Amérique latine et en Asie du Sud-Est à l'emploi d'autres techniques.

Les palmiers sont abattus à l'aide d'excavatrices équipées de godets spéciaux. À l'aide de la pelle, le plateau racinaire est largement extirpé et exposé à l'action du soleil. Les stipes sont ensuite réduits en copeaux d'une dizaine de centimètres d'épaisseur au maximum (photo 8.1). Les copeaux sont alors soit andainés une interligne sur deux, soit étalés sur toute la surface des interlignes.

Photo 8.1.
Débit de stipe en copeaux, lors d'une replantation à Nord-Sumatra.

Un travail du sol, sous-solage et passage de disques, permet d'éliminer les adventices et de préparer un lit de semences propre au bon développement de la plante de couverture. Ce travail est réalisé soit avant, soit après l'abattage selon que les copeaux sont ou non dispersés sur toute la surface.

L'exportation des stipes pour une utilisation commerciale n'est pas recommandée puisqu'elle entraînerait une forte baisse de la restitution d'éléments fertilisants et de matière organique au sol.

L'utilisation du feu, ici aussi, n'est absolument pas recommandée ni parfois autorisée.

Dans certains cas, la technique de complantation est utilisée avec les palmiers de la nouvelle génération plantés entre ceux de la précédente. Cette technique est risquée tant d'un point de vue agronomique (ombrage, compétition) que sanitaire (pression accrue des ravageurs comme *Oryctes*, *Strategus* ou *Sagalassa valida* et des maladies comme *Ganoderma*, fusariose et pourritures du cœur). Elle est nécessaire lorsque le droit d'utilisation des terrains est à prendre en compte.

Dans les zones où le *Ganoderma* et la fusariose sont présents, c'est-à-dire dans la quasi-totalité des régions de production, la technique d'abattage consistant à tronçonner les arbres à 1m de hauteur tout en laissant la souche dans le sol est à proscrire absolument. C'est le meilleur moyen de maintenir ces maladies à leur plus haut niveau de virulence d'une génération à l'autre.

▶ Dégagement des interlignes et andainage

L'andainage se fait en général un interligne sur deux dans le sens des lignes de plantations. Il est perpendiculaire aux pistes, sauf dans le cas d'aménagements spéciaux sur terrains en pente (plantations en courbes de niveau, andainage oblique par rapport aux pistes dans le cas de pentes régulières). Il est réalisé de préférence avec une excavatrice. L'opérateur doit veiller à ne pas bouleverser ou entraîner l'horizon de surface dans l'andain sous peine d'une perte conséquente de fertilité très dommageable au démarrage des jeunes palmiers. La présence de terre sur les débris végétaux peut aussi favoriser la survie de maladies comme la fusariose ou le *Ganoderma*.

Si l'andainage est manuel (exploitation familiale, sols hydromorphes…), il faut dégager et aplanir très soigneusement les emplacements de palmiers sur 2m de diamètre au moins ainsi que le sentier central dans un interligne sur deux permettant d'atteindre chaque palmier.

▶ Aménagement du paysage

C'est à ce stade que certains travaux d'aménagements complémentaires sont éventuellement réalisés. Cela peut concerner la mise en place de terrasses individuelles ou continues, de diguettes, de plates-formes de plantation, un réseau de drainage interne au bloc, voire un sous-solage, etc.

Les terrasses individuelles sont des plates-formes circulaires d'environ 3 m de diamètre dont le centre occupe l'emplacement futur du palmier. Elles sont aménagées manuellement et doivent présenter, si nécessaire, une contre-pente d'environ 10 %.

Les terrasses continues sont des bandes de terre aplanies mécaniquement de 2 à 3 m de large installées en courbe de niveau avec également une contre-pente de 10 %.

Il est recommandé de consolider les arêtes des terrasses en y installant des plantes bénéfiques ou des graminées comme la citronnelle de l'Inde (*Cymbopogon* sp.).

Les diguettes sont des cordons de terre de 50 à 90 cm de haut élevés manuellement ou avec une charrue billonneuse, toujours en courbes de niveau. Elles sont utiles pour aider à casser la future érosion sur des pentes de moins de 10 %.

Les plates-formes de plantation sont indispensables dans toutes les zones hydromorphes ou inondables de faible dimension. D'environ 3 m de diamètre, de 40 à 50 cm de haut et centrées sur l'emplacement du futur palmier, elles permettent un bon démarrage des jeunes plantations risquant *a contrario* l'asphyxie.

Un réseau de drainage interne au bloc peut parfois être indispensable. Il doit être soigneusement dessiné pour éviter toutes les zones d'engorgement très préjudiciables au développement des palmiers. Il doit être connecté à un réseau plus général et pouvoir être isolé en période sèche.

Le sous-solage ici concerne plutôt des opérations visant à éclater une structure compacte du sol. Il nécessite, si le compactage atteint des profondeurs de 40 à 60 cm de profondeur, des moyens lourds (sous-soleuse portée par un puissant engin à chenilles). Les dents, de 0,80 à 1 m de hauteur doivent être pourvues d'ailettes et précédées de coutres adaptés (photo 8.2). Il ne faut pas oublier que tout travail mécanique du sol effectué à la suite d'un sous-solage sur sol sablo-argileux a tendance à annuler complètement les effets bénéfiques de l'opération.

❚ Brûlage

Si le brûlage avait la réputation, en replantation, de réduire les populations de certains ravageurs (rongeurs et *Oryctes*), son impact sur l'environnement est trop évident pour en faire une technique recommandable, là où il n'est pas purement et simplement interdit.

Photo 8.2.
Sous-soleuse portée par un tracteur à chenilles de type D8
(replantation à Nord-Sumatra).

Le brûlage achève de bouleverser la biodiversité macro- et micro-biologique et minéralise en quelques heures une masse végétale très importante. Par ailleurs, il contribue à détruire la matière organique de surface déjà fragile sous les climats tropicaux ainsi qu'au réchauffement global par l'émission de gaz à effet de serre et de particules fines dans l'atmosphère.

De plus, dans bien des cas, comme lors des grands incendies des années 1997 et 1998 sur les îles de Sumatra et Kalimantan en Indonésie, ils peuvent échapper à tout contrôle et avoir des conséquences catastrophiques débordant largement les limites de la plantation.

Les légumineuses de couverture

Le choc d'une mise à nu de superficies importantes, que ce soit après forêt secondaire, jachère ou replantation, est tel sur les espèces végétales adventices que, très souvent, ce sont des plantes envahissantes qui prennent le dessus. On peut citer :
– parmi les dicotylédones, *Chromolaena odorata, Asystasia coromandeliana, Mikania micrantha, Mimosa invisa* ;

– de nombreuses graminées, *Imperata cylindrica, Ottochloa nodesa, Eleusine indica, Bracharia* sp., *Panicum* sp. etc.;
– voire des fougères comme *Dicranopteris linearis*.

Certaines de ces plantes sont reconnues comme invasives, c'est-à-dire importées, d'Amérique du Nord comme *Chromolaena odorata*, d'Amérique du Sud comme *Mikania micrantha, Mimosa invisa*, d'Afrique comme *Eleusine indica* ou d'origine incertaine comme *Asystasia coromandeliana*.

Ces plantes invasives peuvent également être dommageables pour l'ensemble de l'agro-système de la palmeraie.

La mise en place d'une plante légumineuse de couverture présente donc beaucoup d'avantages outre la lutte contre les plantes envahissantes. Elle permet aussi de lutter contre l'érosion et la compaction des sols et de reconstituer plus rapidement la couche humifère.

Jusqu'à la fin des années 1990, *Pueraria phaseolides* a été le plus couramment utilisé. Il peut être associé avec une légumineuse annuelle comme *Mucuna cochinchinensis* dont l'installation est extrêmement rapide et prépare bien le terrain au *Pueraria*. D'autres légumineuses ont été aussi utilisées, seules ou en mélange : *Centrosema pubescens, Calopogonium mucunoides, Calopogonium caeruleum, Desmodium ovalifolium*. Depuis le début des années 2000, *Mucuna brachiata* est utilisé massivement dans les plantations commerciales d'Asie du Sud-Est et commence à être introduite dans les autres régions de production.

Pour diverses raisons, les plantes de couverture ont tendance à disparaître rapidement lorsque les interlignes sont entièrement ombragés par les feuilles des palmiers. Une végétation ombrophile spécifique s'installe alors. Dans certains cas, l'ombrage est trop important et le sol devient nu. Il faut alors intensifier la lutte antiérosive par des moyens appropriés.

▐▌ Plantes bénéfiques

Pour faciliter la lutte contre les ravageurs des systèmes foliaires en Asie du Sud-Est, de nombreux planteurs ont commencé à installer des plantes dites bénéfiques, le plus souvent à fleurs nectarifères, sur lesquelles de nombreuses espèces de parasites de ravageurs viennent se nourrir. Les plus recommandées sont : *Antigonon leptopus, Cassia cobanensis, Crotalaria zanzibarica, Euphorbia heterophylla* et *Turnera subulata* (planche 30). Elles sont souvent installées en cordon en bordure de bloc, soit en mélange soit en bandes alternées d'une dizaine de mètres.

Dans les autres régions, des études sont encore nécessaires pour valider les espèces bénéfiques.

Préparation du matériel végétal

Passer de la graine sèche proposée par le fournisseur au plant prêt à être mis en terre, nécessite de mettre en œuvre un itinéraire technique précis et relativement simple. Les planteurs doivent acquérir un savoir-faire essentiel à la réussite des opérations.

Le processus de germination des semences de palmier à huile est lent. En effet, les graines ont une énergie germinative faible et un long délai de prégermination. Il faut donc préparer spécialement les semences pour obtenir une germination abondante et groupée.

L'itinéraire technique est le suivant : assurer la levée de dormance des semences, les faire germer, transférer les graines germées dans une prépépinière et enfin transplanter les plantules en pépinière.

Des erreurs et des dérives sont souvent observées, même chez les producteurs semenciers ou chez les planteurs possédant une certification. Un processus de germination, une prépépinière ou une pépinière mal conduits diminueront les taux de réussite des techniques proposées, avec également une influence négative, voire irréversible, sur le potentiel de production futur des arbres.

Selon leurs capacités techniques et leur savoir-faire, les planteurs peuvent prendre en charge la préparation de leur matériel végétal à différents stades de l'itinéraire technique pour le conduire au stade requis pour la plantation au champ. Ils peuvent acquérir des semences sèches, des semences préchauffées (dites aussi pré-germées), des graines germées, des plantules de prépépinière ou des plants de pépinière.

▌▌ Germination des semences

Les deux étapes de levée de dormance et de germination proprement dite à mettre en œuvre pour la germination des semences sont déterminantes. La méthode la plus couramment utilisée est la germination en sacs de plastique par chaleur sèche et ses implications. Elle nécessite l'utilisation d'un ensemble appelé germoir.

Germoir

Ce bâtiment, ou ensemble de bâtiments, comporte des pièces pour la levée de dormance, un espace pour l'humidification des semences, des pièces sombres et ventilées à température contrôlée pour la germination proprement dite, un local dédié au tri des graines germées, des pièces à température contrôlée pour le stockage des graines germées et un local pour le conditionnement et la préparation des expéditions de semences vers les lieux de repiquage.

Les pièces dédiées à la levée de dormance sont bien isolées thermiquement et chauffées. Elles comportent un sas d'entrée et, si nécessaire, des fenêtres à double vitrage. Leur équipement inclut aussi des rayonnages grillagés larges de 50 à 60 cm et espacés de 35 à 40 cm. La capacité des rayonnages est de l'ordre de 15 000 à 18 000 graines sèches par mètre linéaire d'étagère.

Le chauffage des pièces de levée de dormance est assuré soit par circulation d'eau chaude, soit par ventilation d'air chaud. Dans tous les cas, les installations de chauffage et de ventilation doivent permettre une grande homogénéité de température dans les pièces. La température doit être régulée avec une précision de 0,5 °C à l'aide de thermostats et contrôlée par des thermomètres mini-maxi calibrés et disposés à plusieurs endroits. Un soin particulier doit être apporté à la mise en place de la ventilation et de la sonde du thermostat. La gestion de la température via l'unité thermostatique doit être très précise pour tenir compte de l'inertie spécifique à chaque pièce. Celle-ci dépend aussi du nombre de graines présentes dans le local.

Les locaux dédiés à la germination proprement dite doivent être sombres, ventilés et maintenus à une température comprise entre 25 et 30 °C.

Chaque lot ou partie de lot de graines doit être parfaitement identifié en suivant notamment les instructions données par le fournisseur du matériel végétal.

Méthode de germination

Levée de dormance

À la suite du stockage de plusieurs semaines ou mois en chambre climatisée, l'humidité des semences est descendue à 9-10 % PSGE (Poids sec de graine entière). Afin que la levée de dormance par le chauffage soit efficace, il faut porter l'humidité des graines à 18,5 ± 0,5 % PSGE.

L'humidité des graines de type tenera PSGE doit être légèrement supérieure en raison de leur coque plus fine. Cette réhumidification commence par un trempage durant 7 jours dans une eau propre, exempte de contaminants, renouvelée chaque jour. Ensuite, on pratique un ressuyage de 3 à 4 heures à l'ombre, en conditions contrôlées, afin d'atteindre l'humidité requise. La coque des graines présente alors une couleur gris foncé (planche 9).

Elles sont ensuite placées dans des conteneurs *ad hoc* par 1 000 graines ou environ 5 litres. Ce sont le plus souvent des sacs de plastique en polyéthylène transparent de 60 cm x 50 cm, épaisseur de 0,2 mm. Des boîtes en plastique alimentaire transparent de 10 litres de capacité (21 x 19,5 x 27,5 cm) ou des plateaux empilables mesurant 50 x 36 x 5,5 cm sont aussi utilisés. Ces derniers contenants nécessitent une gestion extrêmement rigoureuse des taux d'humidité sous peine de perdre du pouvoir germinatif. Un échantillon représentatif de graines (1 à 5 pour 1 000 est généralement suffisant) est prélevé à ce stade afin de vérifier l'humidité des graines et préparer les contrôles ultérieurs. Les sacs sont soigneusement fermés en pliant le haut de ceux-ci en accordéon puis en le rabattant et en le maintenant avec un lien. Il faut veiller à ce qu'il y ait un volume d'air au-dessus des semences au moins égal à celui occupé par les semences pour une respiration correcte.

Les graines sont régulièrement aérées, leur aspect sanitaire et leur humidité sont également contrôlés. La meilleure méthode pour contrôler l'humidité est de procéder par pesée de chaque lot de semences et de leur contenant, d'ajuster le poids par aération prolongée (au début) et par addition d'un poids *ad hoc* d'eau vaporisée (en cours de chauffage) sur la base de l'humidité de l'échantillon représentatif déjà mentionné. La durée du traitement thermique est de 60 à 80 jours, selon le matériel végétal, à 39,5 ± 0,5 °C.

Lorsque l'humidité est trop élevée, les graines peuvent commencer à germer en cours de chauffage. Dans ce cas, il convient d'effectuer une aération complémentaire afin de réduire l'humidité des graines après un tri spécialement effectué sur les lots affectés.

Germination

Après le chauffage, les semences sont réhumidifiées par un trempage de 5 jours minimum dans une eau renouvelée quotidiennement de façon à atteindre une humidité de 24 ± 1 % sur poids frais d'amande (PFA). À la sortie de ce trempage, elles doivent être soumises à un traitement phytosanitaire par un bain de 5 minutes dans une suspension de mancozèbe (0,8 g/l) et de bénomyl (0,25 g/l)[4].

Les graines sont ensuite ressuyées à l'ombre, de préférence sur des étagères bien ventilées de façon à atteindre une humidité de 21 ± 0,5 % PSGE. L'humidité de l'amande étant déterminante, la relation entre PFA et PSGE doit être vérifiée expérimentalement ainsi que la durée du trempage. En général, la coloration de la coque passe du noir brillant au noir mat (planche 9). Un échantillon représentatif de graines (1 à 5 pour 1 000 est généralement suffisant) est prélevé à ce stade afin de vérifier l'humidité des graines et préparer les contrôles ultérieurs. Les graines de type tenera nécessitent une humidité légèrement supérieure qu'il faudra déterminer expérimentalement.

Les semences sont ensuite conditionnées dans des sacs de polyéthylène hermétiquement fermés par pliage en laissant un volume d'air équivalent à celui occupé par les graines. Ensuite, à J + 1, le contrôle de l'humidité se fait par pesée des semences et de leur contenant, individuellement, et le poids est ajusté par une aération complémentaire ou par addition d'un poids *ad hoc* d'eau vaporisée.

Des plateaux en plastique empilables de 50 x 36 x 5,5 cm peuvent être utilisés. Dans ce cas, une humidification des graines par pulvérisation d'eau doit être impérativement effectuée tous les deux jours afin de maintenir les graines à l'humidité requise.

Les semences ainsi conditionnées doivent être ensuite placées dans une pièce sombre à température maintenue entre 25 et 27 °C.

Un tri hebdomadaire permet de retirer les graines germées dès le stade point blanc. Les graines non germées sont replacées dans leur contenant avec les mêmes précautions que précédemment, après avoir été réhumidifiées légèrement par pulvérisation d'eau. Si une aération complémentaire est effectuée entre les dates de tri, il faut veiller à ce que les graines ne se déshydratent pas pendant cette aération.

Les graines germées en attente de contrôle ou de livraison sont conservées à l'ombre à une température de 25 à 27 °C. Exceptionnellement, elles peuvent être stockées dans un local climatisé (22 à 23 °C), au maximum pendant 7 jours, si on souhaite ralentir leur développement.

---

[4] L'utilisation de tout autre fongicide doit faire l'objet d'une expérimentation précise sur un nombre significatif de semences afin de détecter toute phytotoxicité qui peut parfois n'apparaître qu'en cours de levée, voire plus tard. Voir le chapitre 14 pour les précautions à prendre.

Selon l'origine et le type de matériel végétal, la germination atteint au moins 80 % dans les 3 à 6 semaines après la sortie du chauffage, soit 3 à 4 mois après le début du processus de germination.

Contrôles et sélection

Idéalement, le contrôle et la sélection des graines germées se font une semaine après le tri au stade «point blanc». Le germe normal présente les caractéristiques suivantes :
- la tigelle et la radicule, de couleur ivoire, ont une longueur totale de 8 à 15 mm ;
- la tigelle est pointue, tandis que l'extrémité de la radicule est arrondie.

Il faut éliminer tous les germes hors norme : globuleux, trapus, tordus, atrophiés ou incomplets (figure 8.3). Les germes bruns, flétris ou pourris sont aussi éliminés. Le jaunissement ou un début de brunissement de l'extrémité de la tigelle ou de la radicule est un signe de souffrance du germe et doit attirer l'attention du praticien sur le respect des procédures ou des conditions environnementales. Les taux d'élimination ne doivent pas dépasser une moyenne de $7 \pm 2\%$.

Les germes obtenus avec des graines conditionnées en plateaux sont plus résistants et mieux développés que ceux des graines conduites en sacs de plastique. En outre, les plateaux sont réutilisables.

Une sélection rigoureuse des graines germées permet de réduire significativement les taux d'élimination de plantules chétives ou mal développées en prépépinière ou en pépinière.

Si au cours des différents stades du processus de germination, il apparaît des pourritures ou des moisissures sur les graines, il faut les éliminer et traiter les autres. Ce traitement se fait par trempage dans une suspension aqueuse d'un mélange de mancozèbe (0,8 g/l) et de bénomyl (0,25 g/l).

Modes d'expédition

Les semences peuvent être commandées sous trois formes :
- les graines sèches qui, sortant de stockage, n'ont pas encore subi le premier trempage ;
- les graines préchauffées dont la dormance a été levée, et qui n'ont pas encore suni le second trempage destiné à déclencher la germination proprement dite ;
- les graines germées.

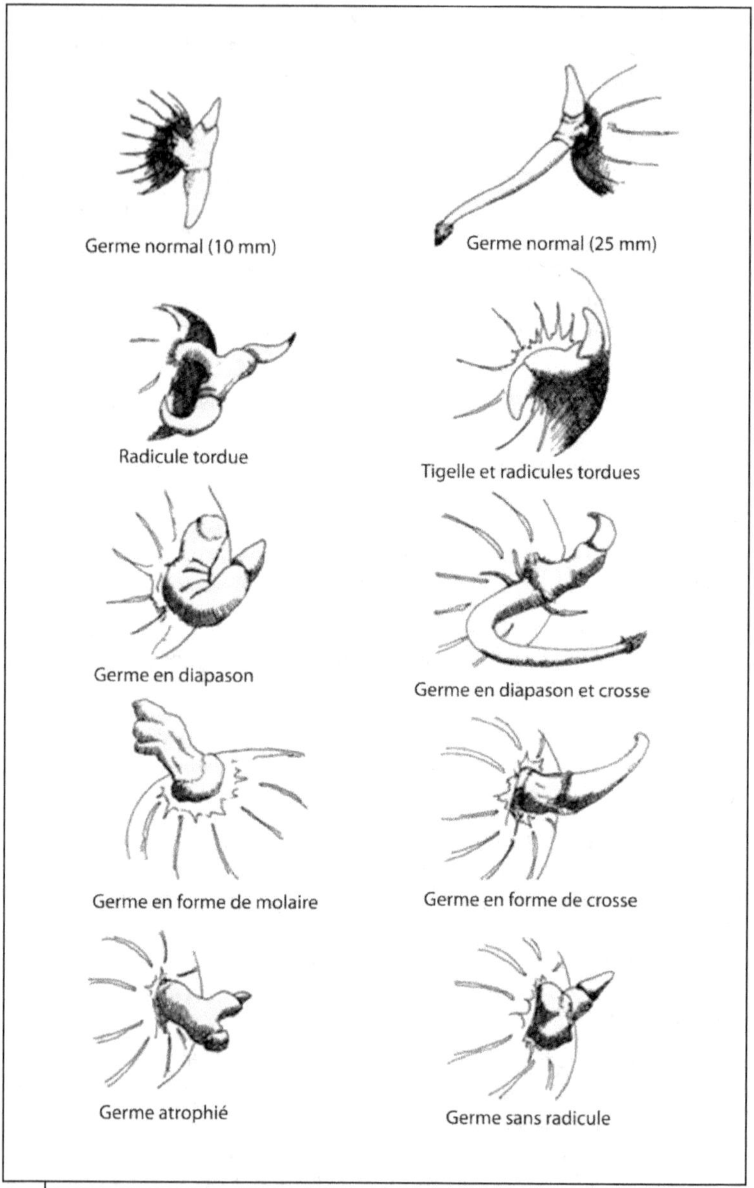

Figure 8.3.
Sélection des graines germées.

Graines sèches

Ce type de graines est réservé aux planteurs disposant d'un germoir et du savoir-faire nécessaire à toutes les étapes du processus de germination. Les semences sont identifiées par catégorie et, si nécessaire, en répétant l'identification sur le sac de toile. Pour le conditionnement et l'expédition, les sacs de toile contenant les graines sont placés dans un premier sac en toile de jute de 50 kg, puis ce sac est placé lui-même dans un second sac en toile de jute de 50 kg ou mieux dans des boîtes cartonnées. Leur expédition peut se faire par voie terrestre, maritime ou aérienne.

Graines préchauffées

Ce type de graines convient bien aux commandes importantes et aux semences devant subir un transport international ou intercontinental. Il est réservé aux planteurs ne disposant pas de germoir et pour lesquels la durée d'acheminement de porte à porte excède 5 jours. Les semences sont moins fragiles que les graines germées. L'expéditeur se chargeant de la levée de dormance, le destinataire doit assurer le second trempage, la mise à température ambiante, les tris et la sélection des graines germées. Les semences voyagent dans des sacs de polyéthylène identiques à ceux utilisés pour la levée de dormance. Ces sacs sont placés par 4 à 6 dans des conteneurs isothermes constitués d'un emballage interne en polystyrène expansé ou des panneaux de particules isolants et d'un emballage externe de sécurité en contreplaqué.

Graines germées

Cette forme de graines est souvent réservée au service des commandes locales. Elle peut être aussi utilisée pour les petites et moyennes commandes à l'international. Néanmoins, il convient de bien vérifier auparavant sous quelles conditions les autorités phytosanitaires laisseront entrer ce type de matériel végétal dans le pays de destination. Certains traitements phytosanitaires ou une mise en quarantaine peuvent endommager irrémédiablement le matériel végétal.

Le conditionnement des graines germées peut être identique à celui des graines préchauffées. On peut aussi placer les graines germées dans des sachets d'une centaine de graines germées. Les conteneurs peuvent contenir 3 000 graines germées soit 6 sacs de 500 semences ou 3 couches de 10 sachets. Ce conditionnement préserve les graines germées des chocs du transport.

Conditions communes de transport et de stockage pour tous les types de graines

Identification et indications précises doivent être impérativement communiquées aux transitaires, transporteurs et destinataires afin que la durée du voyage n'excède pas 5 jours.

Dans tous les cas, les emballages doivent clairement mentionner qu'il s'agit de matériel végétal vivant et fragile. Les colis doivent voyager à l'abri du soleil direct et des intempéries. À toutes les étapes du voyage, ils doivent être stockés en chambre climatisée (21 à 25 °C). Par avion, les colis devront impérativement voyager en soute climatisée.

Modalités de commandes

La commande du matériel végétal est la période idéale pour un dialogue ouvert entre le planteur et le producteur de semences. Le planteur doit s'assurer du potentiel du matériel fourni et des procédures utilisées. Les certifications adéquates du matériel végétal apportent une garantie supplémentaire de qualité. Le planteur doit informer le fournisseur de matériel végétal des conditions agro-environnementales que le matériel végétal rencontrera (sols, déficit hydrique, présence de maladies) et ses objectifs particuliers (par exemple, matériel à très haute teneur en acide gras insaturés). Le producteur de semences doit proposer en retour une gamme documentée de produits les mieux adaptés aux souhaits du planteur.

En retour, le planteur doit suffisamment anticiper sa commande. En effet, le calendrier cultural (tableau 8.1) est globalement le suivant :
– durée du chauffage de 3 mois ;
– durée de germination de 1 mois ;
– durée de la prépépinière de 3 mois ;
– durée de la pépinière de 7 à 9 mois ;
– total de 14 à 16 mois.

Le planteur doit aussi anticiper la date optimale de plantation (début de grande saison des pluies) et ses capacités à respecter le calendrier cultural étant donné les objectifs de plantation à réaliser (tableau 8.1). Les jeunes plants qui passeront plus de 12 mois en pépinière subiront un choc de transplantation d'autant plus sévère que les plants transférés seront plus âgés. Les conséquences se feront sentir jusque dans la production au jeune âge.

Pour obtenir 1 hectare de plants en fin de pépinière (143 arbres), il est recommandé de mettre en germoir 245 graines, de repiquer

en prépépinière 200 graines germées et de transférer en pépinière 170 plantules.

Tableau 8.1. Calendrier cultural.

Année	Mois	Activité	
		Afrique de l'Ouest	**Nord - Sumatra**
N-2	5		
	6	Commande des graines	
	7		
	8		
	9		Commande des graines
	10	Début des mises en germoir	
	11		
	12		
N-1	1		Début des mises en germoir
	2	Transfert en prépépinière	
	3		
	4		
	5		Transfert en prépépinière
	6	Transfert en pépinière	
	7		
	8		
	9		Transfert en pépinière
	10		
	11		
	12		
N0	1		
	2		
	3		
	4		
	5	Transfert au champ	
	6		
	7		
	8		Transfert au champ
	9		
	10		
	11		

Note : les zones hachurées verticalement indiquent la possibilité d'une superposition du calendrier de travail.

◗ Prépépinière

Quand la graine germe, l'embryon développe un suçoir qui s'accroît aux dépens de l'albumen peu à peu digéré. Cette digestion est achevée lorsque le suçoir a rempli toute la cavité de la noix.

La prépépinière correspond à la culture du jeune palmier pendant les 2 à 4 mois qui suivent la germination. Au cours de cette période, la jeune plante passe par les étapes suivantes :
- la graine germée est repiquée lorsque la tigelle et la radicule sont bien différenciées ;
- les deux premières feuilles et des racines adventives sont émises pendant le premier mois ;
- à 4 mois, elle présente 3 à 4 feuilles à limbe lancéolé. Le système racinaire est bien développé avec la présence de racines primaires, secondaires et tertiaires. Devenue complètement autotrophe, elle est prête à être transférée en pépinière dès que la 3e feuille a achevé son élongation.

Préparation

Pour un programme de grande dimension, le site est généralement choisi dans l'enceinte de la pépinière. Pour une petite opération, il est préférable de retenir un lieu proche des locaux d'habitation du responsable. La disponibilité en eau est nécessaire. Là où la plantation a déjà entamé un 2e cycle de culture du palmier, il y aura tout intérêt à mettre en place une structure permanente.

L'emplacement est désherbé manuellement. Il est aussi possible de procéder à un traitement chimique à l'amétryne à la dose de 2,4 kg/ha dans 300 litres d'eau (voir chapitre 14 pour les précautions à prendre). Les déchets sont ensuite retirés et la surface est aplanie manuellement.

Les sachets utilisés sont en polyéthylène noir ou transparent à soufflets (épaisseur 250 μm) de caractéristiques suivantes :
- contenance de un litre ;
- dimensions (à plat) 5 x 23 cm ;
- base perforée d'une vingtaine de trous de 5 mm de diamètre.

Les sachets sont disposés en planches de 10 sachets de largeur (environ 0,90 m). Les planches contiennent en général 2500 sachets. Elles mesurent ainsi environ une vingtaine de mètres de long, séparées par des allées de 0,5 m de large. Les planches doivent être légèrement bombées afin d'éviter les eaux stagnantes.

Il est préférable d'installer une ombrière pour favoriser la levée et limiter la déshydratation des jeunes plantules. L'ombrière est supportée par des pieux en bois, bambou ou tube acier (section 0,10 m, longueur 2,5 m), implantés en lignes à 5 m de distance. Sur ces pieux, est fixée une armature légère en bambou, fer cornière ou tube acier. Dans le cas d'une ombrière en palmes, des traverses plus légères en bambou sont placées tous les mètres. L'ombrage est assuré soit par des palmes fraîches disposées sur les traverses à raison de 3 à 4 palmes par mètre linéaire soit par un filet réduisant la luminosité de 40 %.

Il est préférable de ceinturer la prépépinière d'un grillage fin de 1 m de haut et d'un fossé extérieur de drainage de 25-30 cm de profondeur.

Les sachets sont remplis avec de la terre humifère légère mélangée à 10 % de compost et 0,75 % de phosphate de roche. La terre doit avoir été débarrassée de tout élément grossier, déchets organiques ou non organiques et débris de racines de palmier par un tamisage soigneux. Il est vivement recommandé d'éviter de prélever la terre dans une zone contaminée par une maladie transmise par les racines telle que la fusariose ou le *Ganoderma*.

Repiquage

Le repiquage est effectué le plus tôt possible après le remplissage des sachets, le substrat étant légèrement humide. Les graines germées triées (figure 8.3) doivent présenter une tigelle et une radicule bien différenciées, bien opposées et bien droites, leur longueur totale ne dépassant pas 10 à 15 mm.

Le repiquage est une opération délicate devant être réalisée par un personnel expérimenté.

Au centre de chaque sachet, on creuse un trou de 2 à 3 cm de profondeur au fond duquel on dépose la graine germée, radicule vers le bas. La graine est ensuite recouverte d'environ 1 cm de terre. Une graine trop enfoncée donnera une plantule étiolée et risque de pourrir surtout si le terreau est trop humide. Pas assez enfouie, la plantule ne tardera pas à se déchausser sous l'effet des arrosages. Un germe mal positionné (mis à plat ou à l'envers) entraînera une déformation majeure de la plantule lors de son développement.

Le repiquage est suivi d'un léger arrosage. Les graines portant plusieurs germes sont repiquées normalement. Les plantules seront démariées lors du transfert en pépinière.

Chaque planche, ou portion de planche est identifiée par une pancarte mentionnant son numéro, la date de repiquage, le code du matériel végétal et le nombre de graines repiquées.

Conduite

Il est important de consigner toutes les opérations dans leurs moindres détails, depuis le repiquage des graines germées jusqu'à la sortie des plantules dans un registre de prépépinière.

Entretien

La superficie de la prépépinière n'excédant généralement pas quelques centaines de mètres carrés, le désherbage des allées et des sachets doit se faire manuellement.

Arrosage

En l'absence de pluie, il convient d'apporter l'équivalent de 4 mm d'eau tous les deux jours. Il faut utiliser un arrosoir avec une pomme ou un jet suffisamment brisé pour ne pas déchausser les plantules.

Fertilisation

Un substrat préparé comme mentionné ci-dessus permet un bon démarrage de la prépépinière. On peut apporter en supplément, les semaines paires, une solution fertilisante NPK de type 15-15-15 à 0,2 %, et les semaines impaires une solution azotée à 0,1 % N jusqu'au stade 1,5 feuille puis à 0,2 % N jusqu'au transfert en pépinière. Ensuite il convient de faire un léger rinçage à l'eau pure afin d'éviter toute brûlure du feuillage. Étant plus efficaces, l'emploi de fertilisants organiques est recommandé.

Défense des cultures

Dans une prépépinière, peuvent survenir des accidents de végétation, des maladies ou des ravageurs.

Accidents de végétation

La non-reprise des graines germées est souvent causée par un arrosage inadapté, un repiquage défectueux, une mauvaise qualité du substrat ou l'attaque d'un ravageur.

Des brûlures sur le feuillage sont possibles après une application d'engrais mal conduite, une erreur de dosage ou un produit inadéquat dans l'application de pesticides et enfin un désombrage trop rapide dans le cas d'une prépépinière ombrée par des palmes.

Le jaunissement du feuillage est le plus souvent dû à un excès d'eau ou à une déficience azotée au-delà du 3e mois.

Des nécroses brunes à l'extrémité des feuilles ou rondes peuvent apparaître si l'ombrage est trop important.

Une jeune feuille sortant fripée dans le sens horizontal ou collée dans le sens vertical est un symptôme de stress à identifier (irrégularité des apports d'eau le plus souvent).

Maladies

Les principales maladies observées en prépépinière sont les anthracnoses ou *Curvularia* (Asie du Sud-Est). Elles sont rares sur le matériel végétal commercial. Elles sont le signe de plantules stressées. En cas de nécessité, il est possible d'appliquer une bouillie à 0,2 % de mancozèbe ou de chlorothalonil tous les 15 jours sur les planches ou les croisements atteints (voir les chapitres 10 et 14 pour plus d'informations).

Ravageurs

La première prévention contre les attaques de ravageurs est de maintenir la prépépinière et ses abords dans un parfait état de propreté.

Les quelques attaques de chenilles défoliatrices seront contrôlées manuellement.

En cas de besoin, un traitement insecticide par pulvérisation d'une solution de 0,024 g de deltaméthrine/litre d'eau peut être effectué pour contrôler des insectes défoliateurs non contrôlables manuellement.

Le contrôle des fourmis, termites et courtilières se fait par un léger cordon de deltaméthrine en poudre autour de la prépépinière.

Le contrôle des limaces et des escargots se fait ponctuellement par application de répulsif, de sciure ou de poudre très sèche autour de la prépépinière.

En cas d'attaques de rongeurs, il convient de contrôler l'état du grillage de protection et d'identifier les rongeurs responsables pour employer une méthode de lutte appropriée.

(voir les chapitres 10 et 14 pour plus d'informations)

Désombrage, le cas échéant

Dans le cas d'une prépépinière ombragée par des palmes, il est souvent nécessaire d'acclimater les plantules progressivement à l'ensoleillement. Trois semaines avant leur transfert en pépinière, on retire 1 palme sur 3 ; puis une semaine plus tard, 1 palme sur 2 et enfin la totalité de l'ombrage une semaine après.

Dans le cas d'un ombrage par filet de protection, le désombrage progressif n'est pas nécessaire.

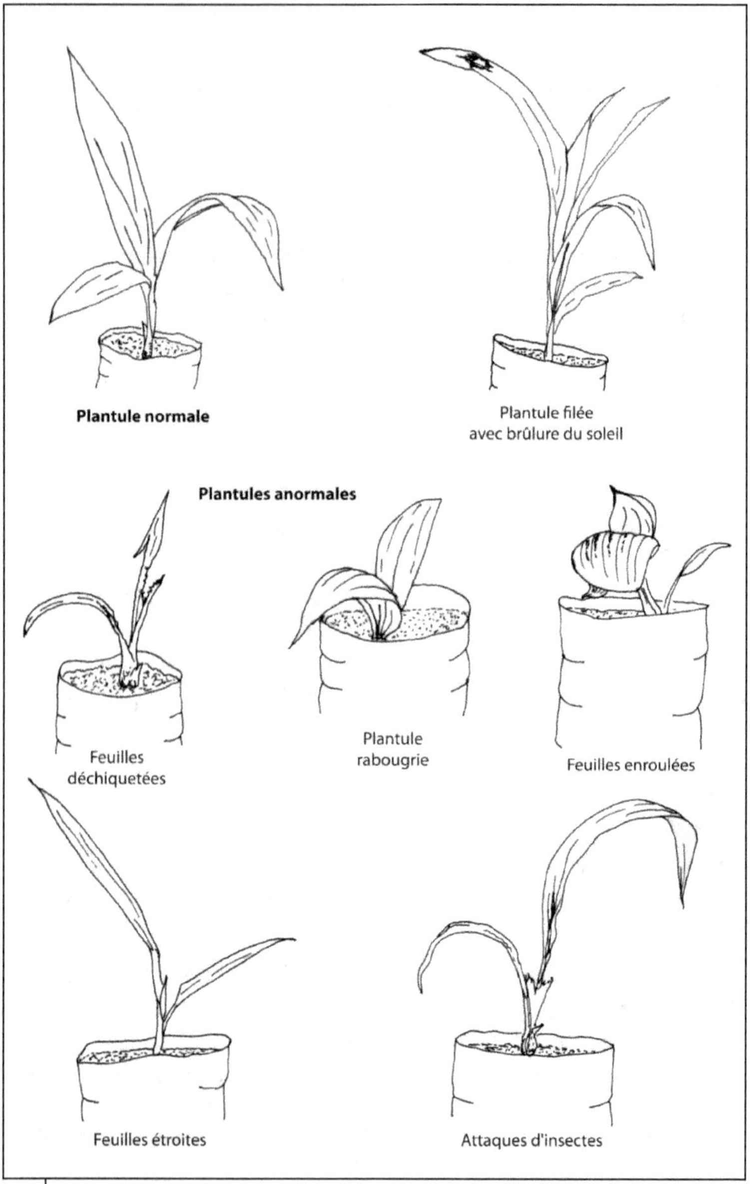

Figure 8.4.
Sélection en prépépinière.

Sélection

En fin de prépépinière, une plantule normale possède 3 à 4 feuilles lancéolées ; chaque feuille émise est, à la fin de son développement, plus longue que la précédente. La hauteur de la plante, feuilles rapprochées à la verticale, est de 20 à 25 cm. La circonférence au collet est d'environ 4 cm.

Avant d'effectuer le transfert en pépinière, toutes les plantules anormales sont éliminées (figure 8.4) : mal développées, trop ramassées, dressées, à limbe soudé, à feuilles enroulées ou étroites.

L'élimination se fait planche par planche en tenant compte du type de matériel végétal et de la date de repiquage des graines germées en se référant à la moyenne des plantules de la planche. Les plantules écartées sont détruites.

Les taux de perte en prépépinière ne doivent pas dépasser :
– graines non reprises et plantules mortes : 5 % ;
– plantules anormales : < 10 %.

Pépinière

Le stade pépinière dure de 7 à 9 mois dans les conditions normales de culture avant la mise en terre définitive au champ. Pendant cette période, le palmier perd progressivement son aspect juvénile et commence à produire de véritables petites palmes. La pépinière est conduite en sacs de plastique sans ombrage dans la majorité des cas.

Préparation

La pépinière doit être située à proximité d'un point d'eau abondant capable de fournir près de 100 m^3 d'eau par jour et par hectare en fin de cycle. Le sol, bien drainant, doit présenter une légère pente afin de faciliter l'évacuation des excédents d'eau d'irrigation ou de pluie. Pour les pépinières de grande dimension, un réseau de drains complète si nécessaire le dispositif. Il n'est pas recommandé de recycler les eaux de ruissellement pour l'arrosage de la pépinière. Pour des programmes d'extension, la pépinière peut être proche du lieu de plantation, mais la priorité absolue doit être la proximité d'un point d'eau.

Le sol est mis à nu et nivelé. Les alentours sont débarrassés des cultures vivrières, des graminées et autres mauvaises herbes, et ensemencés avec une légumineuse de couverture. En Afrique, comme en Amérique latine, il ne faut pas hésiter à implanter et entretenir la couverture de légumineuse dans un rayon de 50 m. Le désherbage se fait manuellement ou de façon sélective par voie chimique. Il est possible d'utiliser de l'amétryne (3 kg de matière active/ha) ou du glyphosate (1 à 3 kg de matière active/ha). Les mauvaises herbes résistantes, toujours à surveiller, notamment dans le cas de pépinières permanentes, sont éliminées manuellement.

Les sacs de pépinière sont en polyéthylène noir de 0,15 ou 0,2 mm d'épaisseur mesurant 40 x 40 cm, sans soufflet, d'un volume de 15 litres et contenant 20 à 25 kg de terre. Ils sont perforés dans leur moitié inférieure de 3 rangées parallèles de trous de 3 à 4 mm de diamètre, distants de 5 cm.

Comme pour la prépépinière, le substrat est préparé avec de la terre humifère légère mélangée à 10 % de compost et 0,75 % de phosphate de roche. La terre doit avoir été débarrassée de tout élément grossier, des déchets (organiques ou non), et des débris de racines de palmier par un tamisage soigneux. Il est vivement recommandé d'éviter de prélever la terre dans une zone contaminée par une maladie transmise par les racines telle que la fusariose ou le *Ganoderma*.

Les sacs sont disposés selon un dispositif en triangle équilatéral à 70 cm de côté (Afrique) ou 90 cm (Asie du Sud-Est, Amérique latine), soit des distances entre lignes respectivement de 60 et 80 cm. Des pistes principales de 5 m de large et des sentiers réalisés en enlevant une colonne de sacs permettent une circulation aisée dans la pépinière et délimitent les planches. Les sacs sont disposés bien verticalement. Le long des allées, des pistes principales et des drains, il est recommandé d'installer des plantes bénéfiques qui contribueront au contrôle des ravageurs.

Chaque planche est identifiée par une pancarte portant le nombre de plants, la date du transfert et l'identification du matériel végétal.

Un hectare de pépinière peut contenir de 12 000 à 20 000 plants selon la densité choisie.

Repiquage

Le repiquage doit se faire dès que les plantules ont en moyenne 3 à 4 feuilles. Cette opération induisant toujours un stress important, notamment par le dérangement de la motte et la rupture des racines sorties du sachet, il faut absolument éviter de retarder cette opération.

Par ailleurs, les plantules stressées sont notamment plus sensibles aux agressions des ravageurs et des maladies cryptogamiques.

Pour repiquer, il faut creuser au centre des sacs en place, un trou vertical de dimensions légèrement supérieures à celles de la motte de la prépépinière avec un plantoir cylindrique adapté. Le fond du sachet de prépépinière est déchiré et la plantule est déposée au fond du trou. Ensuite, le sachet est enlevé en le faisant glisser vers le haut. Un peu de terre rapportée est soigneusement tassée autour de la motte. Le collet de la plantule doit se trouver au niveau du sol. La surface du sol peut être ensuite protégée par des coques de palmiste ou de la fibre de pressage.

Lorsque la graine a donné naissance à 2 ou 3 plantules, le démariage est effectué en fin de repiquage. Les plantules surnuméraires normales et bien développées peuvent être également valorisées en les repiquant à racines nues en grands sacs. Pour une meilleure reprise, on pourra les abriter d'un ensoleillement trop fort sous des petits abris individuels temporaires.

Après repiquage, un arrosage des plants facilite leur reprise. Tous les sachets et débris plastiques sont collectés et envoyés au centre de collecte des déchets non organiques.

Conduite

Toutes les opérations, depuis le repiquage jusqu'à la sortie des plants, doivent être consignées, dans le moindre détail, dans un registre de pépinière.

Entretien

L'essentiel de l'entretien d'une pépinière consiste en un désherbage soigné pour enlever les adventices et en particulier les graminées, notamment dans les zones à risque de *blast* et de pourriture sèche du cœur.

À l'intérieur des sacs, le désherbage se fait toujours manuellement. Durant cette opération, il faut éventuellement redresser les sacs et rechausser les plants qui le nécessitent.

Le désherbage entre les sacs se fait par un sarclage manuel. Pour les pépinières de grande dimension, le désherbage peut être réalisé chimiquement (voir le chapitre 14 pour les précautions à prendre). Il ne faut alors utiliser que des produits recommandés en post-levée dégradables au contact du sol : amétryne à 3 kg de matière active/ha ou glyphosate (1 à 3 kg matière active/ha).

Les lances des pulvérisateurs sont munies de cache-herbicide et les personnels sont correctement formés pour ne pas pulvériser le mélange sur les plants ni sur les sacs. Les pulvérisateurs sont clairement identifiés « HERBICIDE PÉPINIÈRE ». Les traitements ne doivent être effectués que par des jours sans vent. L'arrosage est suspendu pendant 48 heures. Les mauvaises herbes résistantes sont arrachées manuellement.

Arrosage

Il faut veiller à la satisfaction des besoins en eau des plants durant toute la durée de la pépinière. L'équipement d'arrosage doit assurer une pulvérisation régulière et fine. De nombreux systèmes d'arrosage sont disponibles sur le marché depuis les asperseurs à jet brisé jusqu'aux systèmes de goutte à goutte ou de micro-asperseurs. Le choix final se fera vers celui qui permet la meilleure gestion de l'eau disponible et la plus grande efficacité de l'arrosage compte tenu des circonstances locales incluant la robustesse du système et la disponibilité des pièces de rechange.

Il n'est pas recommandé de recycler les eaux de ruissellement collectées dans la pépinière vers le système d'arrosage de celle-ci. En effet, cela peut aboutir à des concentrations élevées en pesticides résiduels ou en engrais avec des effets indésirables.

L'arrosage est un complément de la pluviosité naturelle. Les besoins totaux sont de l'ordre de 6,5 mm d'eau par jour. La fréquence des arrosages complémentaires sera pilotée en fonction de la pluviométrie.

En période de sécheresse, s'il y a des difficultés pour compenser correctement le déficit de pluviométrie, et que les plants prennent du retard, il ne faut pas oublier d'adapter la fertilisation à l'état de croissance des arbres, voire suspendre la fertilisation. Dans le cas contraire, les plants peuvent être gravement brûlés au retour des premières pluies ou des premiers arrosages par une concentration trop élevée de nutriments dans la solution du sol.

Un excès d'arrosage est également néfaste. Il provoque déstructuration du sol, lessivage des éléments nutritifs et asphyxie des plants.

Fertilisation

La qualité du substrat et les apports éventuels de fertilisants de fond et de compost sont importants pour le bon démarrage de la pépinière. Puis une fumure d'entretien bien distribuée est nécessaire pour assurer un bon développement des plants.

L'azote a un effet très important sur la croissance des plants et sur le verdissement des plants. Les fumures appliquées doivent dépendre des qualités du substrat. Les fumures types du tableau 8.2 sont utilisées en Côte d'Ivoire (sables tertiaires), en Malaisie et en Indonésie (sols volcaniques). Différents types d'engrais sont utilisés :
– engrais composé 11.6.7.2 ;
– engrais composé 15.15.6.4 ;
– engrais composé 12.12.17.2 + traces d'oligoéléments.

Tableau 8.2. Exemple de fertilisation en pépinière (en g par plant/mois).

Mois	Côte d'Ivoire		Malaisie		Indonésie	
	Composé (a)	Urée	Composé	Autres	Composé(b)	Urée
1	5	0	2 x 6(b+c)	0	2 x 5	0
2	5	0	2 x 8(b+c)	0	2 x 5	0
3	5	5	2 x 10(b+c)	0	2 x 7	0
4	5	5	2 x 15(b+c)	0	15	0
5	5	5	2 x 20(b+c)	0	0	10
6	10	5	45(c)	0	25	0
7	10	5	50(c)	0	0	15
8	10	5	60(c)	10 Kieserite	30	0
9	10	10	60(c)	20 KCl	0	20
10	10	10	60(c)	20 Kieserite	35	0
11	10	10	60(c)	30 Kieserite	0	25

(a) engrais composé 11.6.7.2, (b) engrais composé 15.15.6.4, (c) engrais composé 12.12.17.2 + traces d'oligoéléments. Si possible, ces engrais sont apportés sous une forme organique, plus efficace que les formulations chimiques.

Défense des cultures

La surveillance phytosanitaire permanente de la pépinière permet de déceler très tôt les attaques de ravageurs ou les maladies (voir le chapitre 10 pour plus d'informations).

Les maladies les plus fréquentes sont les maladies cryptogamiques foliaires (planches 10 à 12) : *Curvularia* et *Helminthosporium* (Asie du Sud-Est) et *Cercospora* (Afrique); le *blast* en Afrique de l'Ouest et la pourriture sèche du cœur en Afrique de l'Ouest et en Amérique latine.

Les maladies cryptogamiques foliaires, si elles ne sont pas correctement contrôlées, peuvent avoir une incidence très défavorable sur la croissance des plants et provoquer des dessèchements foliaires importants. En Afrique, la plus importante est due au *Cercospora* (mouchetures brun-orangé à brunes sur les plus vieilles feuilles puis dessèchement de celles-ci).

En Asie du Sud-Est, la plus importante est due au *Curvularia* (taches rondes brun foncé sur les feuilles les plus âgées puis montant progressivement). Certaines origines de matériel végétal y sont très sensibles.

La protection se fait à la demande par traitements à l'aide des fongicides suivants : mancozèbe (2 g de matière active/l), thiophanate-méthyle (1 g de matière active/l) ou bénomyl (0,5 g de matière active/l) en alternance. La fréquence est déterminée par l'importance de la maladie.

Les deux autres maladies, le *blast* et la pourriture du cœur sont liées à la présence d'un insecte vecteur.

Le *blast* est très commun en Afrique de l'Ouest. Il a pour vecteur un Homoptère Jassidae, *Recilia mica* qui vit essentiellement sur les graminées. L'insecte pique la plante à l'aurore et au crépuscule et évite l'ombrage. Les symptômes sont décrits au chapitre 10. Les plants attaqués meurent rapidement. Une rémission partielle est possible. La plante est particulièrement sensible pendant les 6 premiers mois de son développement en pépinière.

La pourriture du cœur est une maladie courante en Afrique et en Amérique latine. Son agent causal est inconnu, mais deux vecteurs ont été identifiés. Il s'agit d'Homoptères Jassidae, *Sogatella cubana* et *Sogatella kolophon*. Les symptômes de la maladie sont également décrits au chapitre 10.

Dans les zones de sensibilité reconnue, la prévention contre ces deux maladies est fondée sur la lutte contre la prolifération du vecteur. Il faut tout d'abord éradiquer soigneusement les graminées autour de la pépinière dans un rayon d'au moins 50 m et implanter une couverture de légumineuse. Un entretien efficace du sol de la pépinière sera, par la suite, mis en place afin d'éviter les repousses de graminées.

Pour les petites et moyennes pépinières, le plus écologique est d'installer une ombrière pour les 5 à 6 premiers mois de la pépinière. Pour les grandes pépinières, une protection chimique peut être conduite de façon curative, comprenant une gestion rigoureuse du système d'alerte avec l'application d'un insecticide systémique.

La mise en œuvre des traitements et la protection du personnel doivent suivre les règles strictes exposées au chapitre 14.

Concernant les ravageurs, de nombreuses espèces, en particulier des insectes, s'attaquent au feuillage, à la flèche ou au collet. Une détection précoce est recommandée. Dans le cas de chenilles défoliatrices, une lutte manuelle est aisée à mettre en place et très efficace. Dans les autres cas, des applications de pesticides spécifiques du ravageur, limitées dans le temps et dans l'espace, peuvent être effectuées.

Sélection

Une sélection rigoureuse en fin de pépinière est l'un des facteurs essentiel d'une productivité satisfaisante de la future plantation. Cette élimination est pratiquée régulièrement après le 5e ou le 6e mois de pépinière. On procède, si possible, par planche d'un même matériel végétal repiqué à la même période. On marque par un petit piquet de bambou les plants malades, chlorosés, fortement attaqués par des insectes ou des maladies cryptogamiques, les plants chétifs ou à morphologie anormale (figure 8.5) : folioles soudées, insérées à angle aigu, courtes étroites ou trop espacées. Après confirmation et recensement, les plants marqués sont détruits. La sélection est arrêtée après le 8e mois, les plants étant trop grands pour une sélection efficace.

Dans le cas où plusieurs catégories de matériel végétal sont mélangées, il convient d'être attentif aux critères de sélection utilisés notamment concernant le port et la taille des plants.

Dans une pépinière bien conduite, le taux d'élimination ne dépasse pas 15 %, plants morts inclus.

Pépinière en semis direct

Pour les programmes de petite ou moyenne ampleur, il est possible de conduire une pépinière en semis direct. Son but est de supprimer le stade prépépinière pour gagner 1 à 1,5 mois sur le développement des plants. Les graines germées sont repiquées directement dans les grands sacs.

Pour 100 graines germées, on met en place 90 sacs de pépinière et 10 sachets de prépépinière. Cette prépépinière additionnelle servira au remplacement des plantules mortes ou éliminées précocement en pépinière.

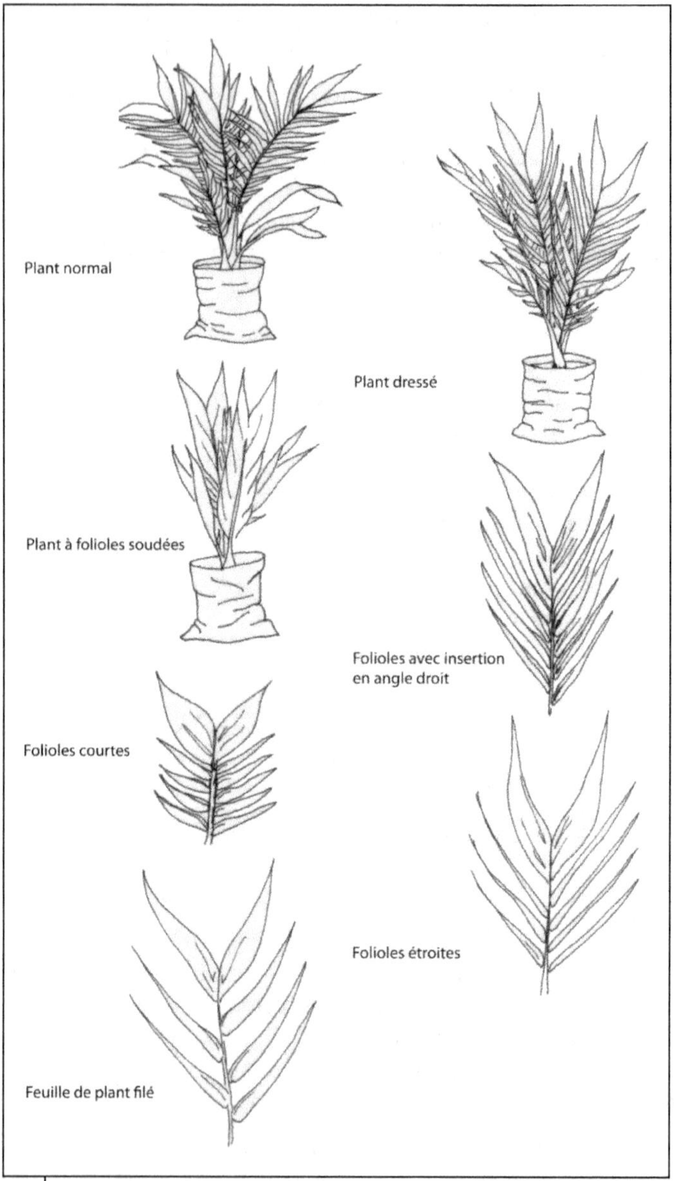

Figure 8.5.
Sélection en pépinière.

Le piquetage est identique à celui d'une pépinière normale, mais les sacs de 4 à 6 lignes sont regroupés côte à côte pendant les 3 premiers mois. Pour faciliter la reprise des graines germées, il est recommandé de poser une couche de fibres ou de coques de palmiste de 2 à 3 cm d'épaisseur à la surface du sol après le repiquage. Les fibres proviennent du résidu de pressage des fruits de palme. Sinon, une petite ombrière provisoire peut être installée, pendant les 2 premiers mois, 1 à 1,5 m au-dessus des sacs. Un désombrage progressif est fait pendant le 3e mois.

Après 3 mois, on procède à la mise à écartement définitif et au remplacement des plants morts et chétifs. Ensuite, la pépinière est gérée comme une pépinière classique.

Mise en place des plants

La mise en place des plants comporte quatre opérations : la trouaison, le portage des sacs, la plantation et la pose de la protection éventuelle contre les rongeurs. Elle se pratique en tout début de la saison pluvieuse lorsque les saisons sont marquées, ou environ 3 mois avant la période plus sèche afin de donner aux plants le temps de bien s'installer avant la réduction de la pluviosité. Dans les zones hydromorphes à nappe, la plantation doit être faite à un moment permettant d'assurer aux jeunes plants un minimum de 3 mois sans risque d'inondation.

Trouaison

Le trou de plantation doit avoir une dimension légèrement supérieure à celle du sac de pépinière. Cette opération peut être manuelle ou mécanisée. Dans ce dernier cas, elle est effectuée à l'aide d'une tarière portée par un tracteur agricole. En Asie du Sud-Est, la trouaison est effectuée 2 à 3 mois avant la mise en terre des plants.

Transport des plants

Ce transport est mécanisé (tracteur agricole et remorque, ou camion) depuis la pépinière jusqu'au bord des blocs ou jusqu'à l'emplacement même des palmiers si la configuration et la nature du terrain, ainsi que l'équipement des véhicules (pneus basse pression) le permettent. Un camion de 6 tonnes de charge utile ou une grande remorque peuvent transporter environ 90 palmiers. Le bouquet foliaire de ceux-ci doit être rassemblé avec une ligature. Il faut veiller aussi à ce que les palmiers soient déplacés et manipulés avec suffisamment de précautions pour éviter de les déchausser ou d'endommager les folioles.

Si les palmiers ont commencé à filer, il est recommandé d'effectuer une taille d'habillage des feuilles à une hauteur de 1,50 à 1,75 m afin d'éviter que celles-ci soient dégradées pendant le transport et après leur mise en terre.

Plantation

Si un apport de fertilisant organique ou minéral est prévu, il faut épandre cet engrais sur la terre qui servira à combler le trou de plantation. Cette opération se fait dans les 24 heures précédant la mise en terre. Celle-ci demande beaucoup de soins. La profondeur du trou est vérifiée au préalable avec un gabarit, car il s'agit de faire coïncider, après la mise en terre, le niveau supérieur de la motte avec celui du sol. Le fond du sac étant découpé, le sac est descendu dans le trou. Le sac est retiré en le faisant glisser vers le haut. L'espace entre la motte et la paroi du trou est comblé avec la terre environnante qui est correctement tassée.

Si les plants sont très grands ou si le risque de vents forts est important, il est possible de tuteurer le plant en disposant des tronçons du jalon disposés en tripode.

En plantation familiale, s'il y a des risques d'attaque de rongeurs, il est préférable de planter plus profondément en enterrant le collet à 5 cm environ.

Lutte contre les ravageurs

Selon les régions, les ravageurs les plus dangereux sont les rongeurs, les cochons sauvages, les *Oryctes* et les pyrales. Contre les petits rongeurs, on privilégiera un entretien parfait des ronds, la chasse ou l'introduction de rapaces, complétés éventuellement par des systèmes de protection à base de cylindres de grillage métallique légèrement enfoncés dans le sol. Contre les cochons et les gros rongeurs, la chasse est la meilleure méthode de contrôle. En ce qui concerne les *Oryctes* et pyrales, il faut se référer au chapitre 10.

Dans de nombreuses régions d'Amérique latine, la chenille de *Sagalassa valida* est un ravageur majeur des jeunes cultures. On contrôle les attaques en associant des applications de produits chimiques lors de la mise en place des plants et une application de rafles (200 kg par arbre) ou de fibres d'usine à la base des plants. Les fibres sont à préférer dans les zones où l'on peut craindre des attaques du scarabée *Strategus*. Il faut également se prémunir des attaques de fourmis *Atta* par la mise en place de pièges insecticides.

Récapitulation de quelques temps de travaux

Les tableaux 8.3, 8.4 et 8.5 récapitulent quelques temps de travaux concernant respectivement la préparation du terrain et des pistes, les opérations de plantation et les aménagements spéciaux.

Tableau 8.3. Préparation et pistes.

Opérations		Nombre de journées (/ha planté)	Nombre d'heures de tracteur (/ha planté)	Matériel
Extension	Abattage manuel ou mécanique	30 - 40		Tronçonneuse
	Dégagement lignes	6 - 10		Tronçonneuse
	Andainage manuel	45		Tronçonneuse
	Andainage mécanique	2	3 - 4	Tracteur à chenilles moyen[1]
	Ouverture pistes	0,2	1	Tracteur à chenilles[2]
	Profilage pistes	0,2	1	Niveleuse
Replantation	Abattage manuel	40 - 50		Ciseau
	Abattage et andainage mécanique simple	0,75	1	Tracteur à chenilles moyen ou excavatrice dédiée
	Abattage mécanique et dilacération des stipes	0,75	11	Excavatrice dédiée

(1) Lame Fleco, Rome KG ou excavatrice; (2) Lame Rome KG.

Tableau 8.4. Opérations de plantation.

Opérations		Nombre de journées (/ha planté)	Nombre d'heures de tracteur (/ha planté)	Matériel
Piquetage	Coupe piquets	1		
	Piquetage têtes de ligne	2		Chaîne d'arpenteur, double décamètre
	Piquetage palmiers	8		
Semis couverture		2 - 3		Densité semis selon plante utilisée
Transport plants		1 - 3	0,5 – 1,5	Tracteur agricole, camions légers
Trouaison manuelle, mise en terre		4 - 10		
Trouaison mécanique			1,5	Tarière sur tracteur agricole
Protection contre les ravageurs		À la demande		

Tableau 8.5. Aménagements spéciaux.

Opérations	Nombre de journées (/ha)	Nombre heures de tracteur (/ha)	Matériel
Diguettes	25	1	Tracteur agricole + billonneuse
Terrasses individuelles manuelles	70		Houe
Terrasses mécaniques continues	2	4 - 6	Tracteur à chenilles + tilt
Sous-solage	2	1 – 2	Tracteur à chenilles lourd + sous-soleuse
Nettoyage drains naturels et petits cours d'eau	1	2 - 3	Excavatrice
Drainage manuel ou mécanique	8 - 10	2 – 3	Excavatrice
Labour		2 – 3 par passage	Tracteur agricole + charrue à disques

9. L'exploitation de la palmeraie

Du fait de son caractère pérenne, l'exploitation d'une palmeraie se divise dans le temps en deux parties : au jeune âge, les arbres sont en croissance et sont improductifs commercialement. Cette phase immature dure de 2 à 4 années selon les conditions agro-climatiques et les variétés. Les jeunes palmiers produisent souvent après 12 à 16 mois un cycle d'inflorescences mâles suivi d'un cycle d'inflorescences femelles à faible valeur économique. Ensuite, le palmier à huile entre dans sa phase productive. Sa durée est le plus fréquemment limitée par deux facteurs. Le premier est la densité résiduelle des arbres lorsque des maladies létales importantes comme la fusariose, le *Ganoderma* ou les pourritures du cœur sont présentes. Le second est la capacité du planteur à récolter les arbres de haute taille. En général la durée d'exploitation dure de 20 à 30 années, soit un cycle de 22 à 35 ans.

Palmeraie immature

Les schémas d'exploitation, dans les conditions favorables, prévoient une mise en récolte au cours de la 2e année (N2) ou au début de la 3e année (N3).

Entretien

Pendant toute la phase immature, les blocs et les palmiers font l'objet de trois opérations d'entretien bien distinctes : l'entretien des abords des palmiers, le contrôle de la plante de couverture et l'élimination des adventices nuisibles (voir le chapitre 14 pour les précautions à prendre).

Abords des palmiers

La première année, il faut prévoir entre 6 et 10 tours d'entretien manuel ou chimique des ronds sur un rayon de 1,5 m. Ensuite, le diamètre du rond à nettoyer est dépendant du développement des jeunes palmiers. Afin de faciliter la surveillance des jeunes arbres et la progression du personnel, il est recommandé de nettoyer également un sentier de visite au milieu d'un interligne sur deux. Les Indonésiens le surnomment du joli nom de «sentier des souris» *(pasar tikus)*.

Contrôle de la plante de couverture

Afin d'éviter que la légumineuse de couverture n'envahisse la couronne des jeunes arbres, il est impératif de bien contrôler son développement aux abords immédiats du rond. En grande plantation et lorsque la main-d'œuvre est limitée, l'utilisation d'herbicide de contact, ou mieux, systémique comme le glyphosate en couronne à l'extérieur du rond en N2 est possible.

Élimination des adventices nuisibles

Les adventices sont nuisibles si elles limitent le développement des jeunes palmiers ou de la plante de couverture. La meilleure méthode pour éliminer ces adventices est de le faire soigneusement au cours de la préparation du terrain. Une bonne installation de la plante de couverture concourt également à leur contrôle.

La présence et le type de ces adventices nuisibles sont liés à la localisation et au passé des blocs (extension ou replantation).

Les recrûs ligneux tels que les parasoliers *(Musanga cecropioides* en Afrique)* et le mimosa épineux *(Mimosa diplotricha* en Asie du Sud-Est)* sont aisément éliminés manuellement.

Plusieurs adventices sont redoutables : *Imperata cylindrica* (Afrique, Asie du Sud-Est), *Ottochloa nodosa* (Asie du Sud-Est), *Chromolaena odorata* (Afrique). Pour faciliter leur élimination, il est nécessaire de commencer les travaux un an avant la mise en place des plants dans le cas d'extension sur friche ou de replantation. Cette opération doit être précédée d'un inventaire floristique afin de bien délimiter la zone d'intervention.

Les travaux du sol, lorsqu'ils sont nécessaires en raison de la compaction du sol, sont une première action efficace. Ensuite il conviendra de contrôler les repousses à l'aide d'un traitement sélectif avec un herbicide systémique approprié. Dans le cas d'une replantation sur friche ou d'une replantation de blocs envahis, l'option du travail du sol par 2 à 3 passages croisés de disques est préférable à une application d'herbicide en pleine surface comme premier traitement.

En Amérique latine, l'éradication des graminées, notamment *Megathyrsus maximus* (ex. *Panicum maximum*), en particulier dans les lisières de blocs à l'aide d'herbicides sélectifs doit être particulièrement surveillée.

Il convient d'être attentif au fait que ces adventices sont héliophiles. Une densité relativement faible avant abattage des palmiers de la génération précédente peut entraîner, s'il n'y est pas porté attention, une véritable explosion de leur développement lorsque la couverture du sol se trouve exposée en pleine lumière solaire. Une éradication sélective avant abattage qu'elle soit manuelle, mécanique ou chimique, sera toujours moins coûteuse ou dommageable pour la biodiversité que la lutte contre un envahissement massif des blocs.

Routes et drains

Il est possible de résumer la stratégie d'entretien des pistes par les mots «léger» et «fréquent». Le conducteur de la niveleuse doit respecter le profil de la piste afin de permettre une évacuation facile des eaux de pluie et éviter leur stagnation aussi bien sur la bande de roulement que sur les côtés.

Une attention particulière doit être apportée à l'entretien du réseau de drainage de ces mêmes pistes afin qu'elles ressuient rapidement. Ainsi, les exutoires indispensables doivent être maintenus ouverts, soit par des interventions manuelles, soit avec un tractopelle.

Les drains doivent être nettoyés aussi souvent que nécessaire par fauchage ou par arrachage des adventices. L'emploi d'herbicides n'est pas recommandé en raison de la contamination immédiate des eaux de surface. Le reprofilage de ces drains doit être également réalisé à la demande et avec les moyens appropriés afin qu'ils puissent accomplir normalement leur fonction.

L'utilisation de ces drains comme zone de stockage des feuilles coupées ou de déchets divers est totalement prohibée.

Défense des cultures

Une surveillance sanitaire est absolument indispensable pour déceler en temps voulu les différents dégâts d'insectes, de mammifères, et les maladies que peuvent subir les jeunes palmiers.

Cette surveillance se pratique selon deux niveaux différents :
– un contrôle routinier d'alerte qui s'étend sur tous les blocs ;
– un contrôle spécial, plus détaillé, limité dans le temps et l'espace lorsque des dégâts sont signalés. Il sert à l'évaluation des conditions d'intervention.

Les modalités de lutte contre les ravageurs et certaines maladies sont décrites dans le chapitre 10.

Contrôles routiniers

Ils sont réalisés par des observateurs formés à la reconnaissance des dégâts des principaux ravageurs et maladies en jeunes cultures (*blast*, pourriture sèche du cœur, fusariose ou *Ganoderma* en replantation, etc.) observés dans la région. Des sessions de formation des observateurs et d'actualisation de leurs connaissances sont organisées chaque année. Chaque contrôleur est responsable de 200 ha. Les contrôles sont bimensuels et, à chaque passage, l'observateur visite alternativement un interligne sur deux. Ainsi, chaque arbre est-il contrôlé une fois par mois.

Les points à surveiller sont les suivants :
– les grillages, les appâts et les protections (contre les rongeurs ou les cochons sauvages). Le surveillant remet en place les grillages déplacés et remplace les appâts manquants ;
– les bases pétiolaires et les bulbes. Ils sont le siège d'attaques de rats, d'aulacodes (improprement appelés agoutis en Afrique), d'agoutis ou capybara en Amérique latine *(Hydrochoerus hydrochaeris)*, d'*Oryctes* sp., de *Strategus* sp., de larves de *Rhyncophorus* sp. ou de *Temnoschoita quadripustulata* ;
– les palmes qui supportent les attaques d'insectes défoliateurs, d'oiseaux tisserins, d'acariens, de champignons comme *Cercospora elaeidis* ou *Curvularia* sp. ;
– les palmiers atteints de pourritures du cœur ou de la flèche, de maladies des taches annulaires, de Marchitez, d'anneau rouge, de *Ganoderma* ou de fusariose.

Toute décoloration, nécrose, déformation non attribuable par l'observateur à une maladie ou un ravageur particulier doit faire l'objet d'un rapport spécifique adressé au responsable de la surveillance sanitaire. L'observateur est souvent chargé de quelques actions curatives simples : traitement des blessures, extirpation des *Oryctes* ou augosomes avec un crochet, etc. Des fichiers et des cartographies précises sont

établis et maintenus afin de pouvoir rendre compte de l'histoire sanitaire des blocs.

Contrôles spéciaux

Dans certaines situations graves : maladies mortelles foudroyantes, attaques généralisées de rongeurs ou d'*Oryctes* sp., par exemple, les contrôles doivent devenir plus fréquents (hebdomadaires, bihebdomadaires voire journaliers).

Ces contrôles peuvent être réalisés sur les racines en cas de soupçon d'attaques de *Sufetula* sp. (Asie du Sud-Est), de *Monolepta marica* (Afrique de l'Ouest) ou de *Sagalassa valida* (Amérique latine).

Dans d'autres cas, les contrôles routiniers sont trop imprécis (attaques de chenilles, criquets, maladies évoluant en foyer). On effectuera alors un contrôle spécifique avec une équipe spécialisée afin de délimiter précisément la zone infestée et de prendre les mesures adéquates.

Les modalités de lutte contre les ravageurs et certaines maladies sont décrites dans le chapitre 10.

▶ Fertilisation

Au jeune âge, il convient d'appliquer la fertilisation de façon fractionnée, en 2, 3 ou 4 fois. Les éléments généralement nécessaires sont l'azote, le phosphore, le potassium, le magnésium et le bore (Asie du Sud-Est et Amérique latine). À titre indicatif, les apports recommandés sur sables tertiaires en Côte d'Ivoire et sur sols volcaniques en Indonésie sont détaillés dans les tableaux 9.1 et 9.2.

Tableau 9.1. Exemple de fertilisation en période immature en Afrique de l'Ouest.

Engrais	Apport d'engrais selon l'année (en g/arbre)		
	N0	N1	N2
Urée	100 x 2	200 x 2	200 x 2
Super Simple	100 x 2	-	-
KCl	100 x 2	200 x 1	250 x 2
Kieserite	50 x 2	-	-

Tableau 9.2. Exemple de fertilisation sur jeune plantation à Sumatra-Nord.

Engrais	Exemple d'apport d'engrais selon l'année (en g/arbre)					
	N0	**N1**	**N2**	**N3**	**N4**	**N5**
NPK (15-15-6-4)	300	1 250 x 2	-	-	-	-
Urée	200	350 x 2	1 400 x 2	1 400 x 2	1 375 x 2	1 375 x 2
RP	500	-	-	2 000	2 000	1 250
TSP	-	-	950	-	-	-
KCl	-	-	1 250 x 2	1 350 x 2	1 500 x 2	1 500 x 2
Kieserite	-	-	700	700	-	-
Dolomite	-	-	-	-	750	1 250
Borax	10	75 x 2	85 x 2	100 x 2	50 x 2	50 x 2

Lorsque le potentiel agro-climatique est très élevé, comme à Sumatra-Nord, les palmiers immatures nécessitent une fertilisation accrue. Il en est de même pour les années d'entrée en production où les jeunes palmiers doivent assurer simultanément leurs besoins en croissance, dans ce cas très rapide, et une production de régimes très élevée (supérieure à 25 tonnes de régimes en N4 et après). La gestion de la fertilisation s'appuyant notamment sur les teneurs foliaires en éléments nutritifs n'intervient qu'à partir de la N6.

Les épandages sont effectués en couronnes autour des palmiers, à l'aplomb du dernier tiers des feuilles en fonction de l'âge de ceux-ci : 50 cm en N0, 1 m en N1 et N2. Ensuite, la localisation des fertilisants suivra les recommandations faites pour les arbres adultes.

Les apports de bore peuvent être effectués indifféremment au pied de l'arbre ou à l'aisselle des feuilles de la couronne moyenne.

⫿ Pollinisation assistée

En conditions agro-climatiques favorables, les jeunes palmiers se trouvent tous ensemble en cycle femelle. La densité des inflorescences mâles peut donc devenir insuffisante. La pollinisation étant assurée par des insectes faisant leur développement sur les inflorescences mâles, il peut être observé une mauvaise nouaison des régimes si des jeunes cultures occupent de grandes superficies.

Si le phénomène est structurel (matériel végétal très féminin, conditions agro-climatiques exceptionnelles), il convient de le prévoir lors de la commande de matériel végétal afin de panacher les plantations avec 15 à 40 % de matériel assurant une ambiance propice à une pollinisation naturelle de tous les régimes.

Si le phénomène est transitoire, il peut être corrigé par une pollinisation assistée des inflorescences femelles.

Selon les environnements, la pollinisation assistée peut se justifier si l'on observe moins de 2,5 à 4 inflorescences mâles en anthèse par hectare et par tour d'observation. Selon les disponibilités en main-d'œuvre et les superficies à corriger, différentes techniques sont proposées :
- collecte et lâcher d'insectes pollinisateurs ;
- dispersion d'inflorescences mâles en anthèse dans les blocs déficients ;
- pollinisation assistée manuelle.

Pour les méthodes de dispersion d'inflorescences mâles en anthèse ou de pollinisation assistée manuelle, la collecte des inflorescences mâles se fait de la même façon dans des blocs plus âgés largement pourvus en inflorescences mâles. Le récolteur visite les arbres et pose sur les inflorescences mâles en anthèse aux trois quarts, un sac de plastique (0,7 m x 0,6 m) avant de couper le pédoncule de l'inflorescence.

Dans le cas de la méthode de collecte et lâcher d'insectes pollinisateurs, il faut récupérer le maximum d'insectes pollinisateurs visitant l'inflorescence puis les disperser dans les blocs concernés (environ 2 000 à 3 000 par ha, deux fois par semaine).

Dans le cas de la méthode de dispersion d'inflorescences mâles en anthèse dans les blocs déficients, les inflorescences mâles et leurs insectes pollinisateurs capturés sont dispersés à une densité d'au moins 2 inflorescences mâles par hectare, deux fois par semaine. Dans le cas de la libération d'insectes, on libère environ 2 000 insectes tous les 5 palmiers sur une ligne sur 5.

Si l'on est sûr de la disponibilité en main-d'œuvre et de ses capacités de contrôle, la pollinisation assistée est la plus efficace. Le pollen des inflorescences récoltées est tamisé, puis séché à l'étuve pendant 12 heures à 37-39 °C. Il est ensuite conservé dans des bocaux hermétiquement fermés au congélateur (-18 °C).

Pour assurer la pollinisation, il faut projeter un nuage d'un mélange de pollen (1 part) et de talc (4 parts) sur les inflorescences femelles en anthèse (environ 0,05 g de pollen par inflorescence). L'application se fait soit avec un vaporisateur soit une poudreuse manuelle. Les spathes de l'inflorescence doivent être bien écartées avec un crochet *ad hoc*. Un opérateur peut couvrir environ 5 hectares par jour. La date du passage doit être indiquée sur la feuille axillante afin de faciliter les contrôles. Deux passages par semaine sont recommandés.

Dans le cas de lâchers d'insectes pollinisateurs, un opérateur est en charge de 30 hectares.

Ablation et récolte sanitaire

La technique de l'ablation (ou castration) des inflorescences et jeunes régimes consiste à éliminer les premières productions d'inflorescences et régimes, à raison d'un tour par mois, pendant quelques mois, afin de favoriser le développement végétatif. Tombée en désuétude à partir des années 1990, elle revient en faveur dans les régions à très fort potentiel agro-climatique. Dans ce cas, il convient de préserver les inflorescences mâles et de ne supprimer que les inflorescences femelles afin de faciliter l'implantation des populations d'insectes pollinisateurs.

Il est possible, également, de faire 6 mois avant la date prévue d'entrée en récolte, un seul tour d'ablation couplé à la récolte sanitaire.

La récolte sanitaire est une opération de nettoyage des couronnes des jeunes palmiers avant la mise en récolte. Elle consiste à enlever les premiers régimes déjà anciens et pourris. Si de grands vents sont à craindre, la coupe des feuilles sèches les plus basses ne s'impose pas, car elles peuvent compenser, par leur appui sur le sol, la relative faible résistance des racines primaires à cet âge.

Cultures associées

En plantation familiale, l'association de cultures vivrières avec le palmier à huile planté à la densité normale de 143 arbres/ha est possible, mais seulement au jeune âge, c'est-à-dire jusqu'à la mise en récolte (3 ans au maximum).

Par la suite, la compétition pour la lumière gêne considérablement le développement et la croissance des cultures associées. Cette pratique bien conduite peut avoir un effet bénéfique pour le palmier en raison

d'une moindre compétition pour l'eau et d'un meilleur suivi et entretien des parcelles. La condition *sine qua non* est que l'ensemble soit conduit en tenant compte des exigences propres de toutes les cultures, palmier comme plantes associées (fertilisation, entretien et emprise).

Ces cultures associées sont souvent importantes pour les planteurs familiaux par leur apport financier pendant la période immature de la palmeraie et leur permet d'optimiser les surfaces nécessaires à leur subsistance.

Les techniques culturales traditionnelles en cultures vivrières telles que brûlis, absence d'engrais, élagage sévère des palmiers pour limiter la compétition pour la lumière, sont à proscrire si on veut préserver la production de la palmeraie, la culture principale.

L'association élevage-palmier, qui a un réel avantage économique dans les plantations villageoises, peut aussi comporter des risques importants. Si l'élevage est mal géré, il peut conduire :
- à ne pas éliminer les graminées, donc à augmenter les risques phytosanitaires et la compétition pour l'eau ;
- à une destruction programmée de la plante de couverture ;
- à des dégâts sur les feuilles les plus accessibles ;
- à une éventuelle compaction des sols.

Tout ceci pourra concourir à un retard de la mise en récolte.

Les organismes d'accompagnement doivent intégrer cette problématique dans leur programme d'encadrement des plantations villageoises qu'elles fassent partie d'un programme intégré à un ensemble agro-industriel ou non.

Palmeraie en rapport

Une palmeraie en rapport produit toute l'année, mais de façon plus ou moins régulière selon les régions. Les pointes mensuelles, qui dépendent aussi du type de matériel végétal planté, peuvent varier ainsi de 10 à 25 % de la production annuelle. Des périodes de creux relativement importantes peuvent aussi exister. Il faut se souvenir que, les bonnes années, les régimes ont tendance à s'accumuler autour des mois de pointe.

Les plantations commerciales jeunes et présentant peu d'années de culture ont une structure de production particulière liée à l'augmentation continue de la production pendant les 5 à 9 premières années de production.

Dans les plantations commerciales ayant déjà entamé au moins un second cycle de culture, le taux d'extraction d'huile du premier trimestre suivant l'entrée en production des plus jeunes palmiers est souvent plus faible que pendant les trois autres.

Une bonne estimation des pointes de production est un critère clef pour la détermination de la capacité de transport des régimes et de leur première transformation.

Entretien

L'entretien des palmiers en rapport comprend, comme en cultures immatures, le nettoyage des abords immédiats des palmiers (les «ronds»), le rabattage de la couverture végétale et l'élimination des adventices gênantes (voir le chapitre 14 pour les précautions à prendre). Les palmiers eux-mêmes bénéficient d'un entretien spécifique, l'élagage, afin de faciliter les opérations de récolte.

Abords des palmiers

Il est très important d'entretenir une couronne propre autour de la base du stipe des palmiers en récolte. La propreté de cette couronne ou «rond» est indispensable pour détecter aisément les premiers fruits spontanément détachés, révélateurs de la bonne maturité des régimes et pour faciliter la collecte des fruits répandus au sol après la coupe du régime. Le rayon utile de cette couronne varie en fonction de l'âge des palmiers. Il est d'environ 1,5 mètre.

En N3 et N4, tant que les palmes risquent d'être touchées par un produit désherbant, il est préférable de pratiquer un désherbage manuel. Comme dans les jeunes cultures, ce rond peut être étendu par voie chimique au-delà de l'aplomb des feuilles (sans excès). Le désherbage, qu'il soit chimique, manuel ou mécanique doit impérativement être effectué à la demande, c'est-à-dire en fonction du degré d'envahissement des ronds et du type de plantes à contrôler.

La fréquence de passage varie de 6 par an en conditions très favorables à 3 dans des conditions marginales. Il est hautement souhaitable d'alterner les désherbages chimiques et manuels, seule méthode pour débarrasser les ronds des débris végétaux accumulés et éviter l'installation de plantes résistantes ou de jeunes palmiers issus de la germination des fruits oubliés (appelés VOP, *Volunteer Oil Palm* en Asie du Sud-Est).

Les produits à utiliser pour le désherbage chimique dépendent du type d'adventices présentes, des prix et de la dangerosité des produits : on peut privilégier l'association d'un produit de contact à effet immédiat, d'un produit de pré-levée pour contrôler la germination du stock de graines dans le sol, voire d'hormones pour contrôler des dicotylédones présentes.

Il est préférable d'utiliser les techniques à bas volume, très économes en eau (30 à 40 l/ha traité), plutôt que les applications avec des pulvérisateurs à pression entretenue qui nécessitent l'emploi de 200 à 300 l d'eau par hectare traité.

Rabattage

Le rabattage se fait, le plus souvent manuellement, à la demande, pour contrôler le développement d'adventices gênantes parfois buissonnantes ou arbustives. Il est très important de préserver une bonne biodiversité dans les interlignes pour faciliter l'équilibre de la faune et de la microfaune utiles, sans pour autant négliger le risque d'héberger des ravageurs. Il n'est pas nécessaire de maintenir une végétation rase dans les interlignes dégagés. La présence d'un sentier de visite correctement entretenu suffit aux opérations à accomplir dans les parcelles (récolte, surveillance sanitaire, etc.).

L'excès de rabattage est coûteux financièrement, dangereux pour la biodiversité, risqué pour le maintien de la fertilité du sol en accroissant les risques d'érosion et de sélection de plantes à haute capacité de multiplication végétative, invasives par nature au détriment des autres.

Élimination des adventices nuisibles

Si ces adventices ont été correctement contrôlées dès la plantation, elles réapparaissent peu ultérieurement. Néanmoins, les bordures de blocs restent propices à leur développement et peuvent être une parfaite porte d'entrée pour les adventices invasives telles que *Chromolaena odorata*, *Ottochloa nodosa*, *Asystasia intrusa* ou *Mimosa* sp.

Les méthodes de lutte sont identiques à celles utilisées en jeune culture. Il convient d'agir de façon réfléchie : tout d'abord par action d'attaque, suivie de traitements sélectifs sur les repousses, puis mise en place de techniques favorisant l'installation ou le maintien d'une bonne biodiversité. Trop souvent le planteur se contente d'une action chimique massive de loin en loin. Cette méthode s'avère désastreuse car, en éliminant les autres plantes souvent plus fragiles, elle favorise l'installation définitive des adventices invasives.

Élagage

Le rythme d'émission foliaire du palmier à huile est variable selon son âge et son environnement. Il est d'environ 24 palmes par an. Le nombre de régimes récoltés varie aussi avec l'influence des mêmes facteurs de 4 à 20 régimes par an, parfois plus dans les meilleures conditions, parfois moins dans les conditions les plus marginales.

À partir de la 4e ou de la 5e année, la coupe du régime s'accompagne de celle de 1 à 3 palmes qui le soutiennent. Selon l'habileté du coupeur et le nombre de régimes récoltés, un plus ou moins grand nombre de feuilles subsiste dans la couronne. À terme, elles deviennent gênantes pour la récolte, en augmentant le nombre de feuilles à couper par le récolteur pour atteindre les régimes placés plus haut. Elles peuvent gêner l'appréciation de la maturité des régimes en piégeant, à leur aisselle, les fruits détachés. Une opération particulière appelée élagage a pour objet de supprimer ces feuilles.

Dans les régions les plus favorables, notamment en Asie du Sud-Est et dans certaines régions d'Amérique latine et d'Afrique, le nombre de régimes à couper est élevé. Aussi, le nombre de feuilles subsistantes est réduit. Mais, dans tous les cas, il faut prévoir un chantier spécifique. Dans l'idéal, l'opération est réalisée pendant les périodes de faible production par des équipes incluant des personnels qualifiés (récolteurs).

Le niveau d'élagage est variable selon l'âge des palmiers. Jusqu'à 4 ou 5 ans, il faut laisser le maximum de feuilles sur l'arbre pour favoriser sa croissance. Il convient de se contenter d'un toilettage en ne coupant que les feuilles sèches. À partir de 6 ans, on laisse 2 feuilles sous le régime mûr. Après la 15e année, en raison de la hauteur des arbres, on peut ne laisser qu'une feuille sous le régime mûr afin de faciliter la détection des régimes mûrs.

Il faut rester très prudent car l'élagage de feuilles non sénescentes provoque une réduction des capacités d'assimilation photosynthétique.

Selon le rythme des pointes de production et leur ampleur, les tours d'élagages se succèdent tous les 8 à 12 mois. Le rendement de l'opération est très variable suivant l'âge des arbres et le nombre de feuilles à couper.

D'une façon générale, le chantier d'élagage assure les opérations suivantes :
– la coupe des palmes concernées ;

- le rangement soigneux des feuilles. Plusieurs possibilités sont offertes : le plus souvent les feuilles entières sont rangées en « L » au-delà du rond, c'est-à-dire pour une moitié, longitudinalement sur l'andain non dégagé et pour l'autre moitié, perpendiculairement entre deux arbres successifs. Il faut prendre soin de placer la partie épineuse de la feuille (le pétiole) vers l'andain afin d'éviter des difficultés de déplacement ou des risques de blessures pour les personnels devant travailler autour de ces arbres ;
- partout où il y a des risques d'érosion, il est recommandé de ranger la partie non épineuse de la palme en paillage dans l'interligne dégagé ;
- l'élimination des épiphytes et des inflorescences mâles défleuries de la couronne afin de faciliter le repérage des régimes mûrs ;
- le balayage manuel des débris végétaux du rond.

L'équipe d'élagage est souvent constituée d'élagueurs chargés de la coupe des palmes et de manœuvres chargés des opérations autres. L'outillage nécessaire varie en fonction de l'âge des palmiers : ciseau jusqu'à la 5ᵉ année, faucille au-delà et machette ou hache pour la découpe des palmes.

Routes et drains

Cette opération se pratique de la même manière que dans la palmeraie immature.

Défense des cultures

Les modalités de lutte contre les ravageurs et certaines maladies sont décrites dans le chapitre 10.

Contrôle phytopathologique

Ce type de contrôle doit être effectué arbre par arbre au moins une fois par an. Il a pour objectif de repérer les arbres souffrant de maladies ou déjà morts à cause d'elles. Cette surveillance sanitaire est assurée par des observateurs bien formés à reconnaître les maladies apparaissant après l'entrée en récolte (pourritures du cœur, fusariose, *Ganoderma*, Marchitez, etc.).

La fréquence devient semestrielle, trimestrielle voire mensuelle dans les blocs où des problèmes particuliers doivent être observés précisément. Un bilan annuel est établi et un historique des blocs conservés.

Les moyens informatiques actuels permettent de conserver ces informations dans une base de données ouvrant la voie à une exploitation des données par système d'information géographique (Sig).

Contrôle entomologique

Le contrôle entomologique sur les palmes est réalisé par des observateurs formés à reconnaître les ravageurs et leurs dégâts. Ils peuvent être les mêmes que ceux chargés des contrôles phytosanitaires. Ils sont assistés par un aide et prennent en charge 50 ha par jour. L'échantillonnage est constitué d'un arbre par hectare observé de la façon suivante : on abaisse ou on coupe une palme bien verte, de rang 9, 17 ou 25 selon le ravageur recherché, sur laquelle sont dénombrés tous les insectes. Les arbres sélectionnés sont répartis uniformément dans le bloc. À chaque contrôle, il faut changer de ligne ou d'arbre. La fréquence des tours est bimestrielle tant que les populations d'insectes restent inférieures au niveau critique. Il faut noter, lors de ces contrôles, selon des normes propres à chaque insecte, les niveaux atteints par leurs stades caractéristiques.

Si des attaques de ravageurs sur le système racinaire sont suspectées, il faut mettre en place un contrôle de racines en prélevant celles-ci dans une fosse de 40 x 40 x 40 cm creusée soit au pied de l'arbre *(Sagalassa)* soit distante de 1,5 m du stipe *(Monolepta* et *Sufetula)* sur un palmier par hectare.

Les principaux insectes ou acariens concernés sont :
- pour l'Afrique : *Coelaenomenodera, Latoia, Zophopetes*, les hespéridés et les pyrales (planche 24) ;
- pour l'Amérique latine et centrale : les chrysomélides, les limacodides, les punaises, les rhyncophores, *Strategus, Brassolis, Castnia, Sagalassa, Stenoma, Atta* et *Retracrus* (planche 27) ;
- pour l'Asie du Sud-Est : les limacodides, les psychides, *Oryctes* et *Sufetula*.

Lorsque les populations d'insectes dépassent le niveau critique, il faut doubler le nombre d'arbres observés et la fréquence des tours de contrôle dans les blocs concernés afin de délimiter précisément la zone affectée.

Les résultats des observations sont transcrits sur des fiches récapitulatives. Un bilan annuel rappelant les différentes interventions effectuées avec leur ampleur et leur coût doit être établi. Les moyens informatiques actuels permettent de conserver ces informations dans

une base de données ouvrant la voie à une exploitation des données par système d'information géographique.

Gestion de la fertilisation

Pratique du diagnostic foliaire

Comme cela a été décrit au chapitre 4, la nutrition minérale est appréciée par le diagnostic foliaire (DF) et le diagnostic rachis (DR). Ceux-ci sont réalisés par l'analyse des teneurs en éléments chimiques des constituants de la feuille selon un protocole précis de prélèvement, de préparation et d'analyses. D'une manière classique, ce suivi n'est réalisé qu'à partir de la 3e année après la plantation. Les prélèvements sont effectués en début de saison sèche ou en période de moindre pluviosité, entre 7 et 11 heures du matin et toujours plus de 36 heures après une pluie dépassant 20 mm. Un délai de deux à trois mois entre les dernières applications d'engrais et le prélèvement des échantillons est souhaitable.

Dans le suivi d'une plantation commerciale, il faut prévoir un échantillon de 1 à 2 arbres par hectare selon l'âge et l'homogénéité de la plantation (sol, matériel végétal, etc.). Cet échantillon doit être représentatif de la zone concernée. Ces arbres sont uniformément répartis dans toute la zone. Ils sont bien repérés, car l'échantillon sera toujours pris sur les mêmes palmiers, d'une année à l'autre. En effet, les résultats des analyses sont interprétés en valeur relative par rapport aux résultats antérieurs.

Il convient donc, pour une bonne fiabilité, que l'échantillon du bloc soit constitué d'arbres de même âge, sains et représentatifs. Le même rang de feuille est sélectionné pour tous les arbres d'un même échantillon. Il varie en fonction de l'âge des arbres : à 3 ans, les folioles et le rachis sont prélevés sur la feuille de rang 9 et, au-delà, sur la feuille de rang 17.

Pour chaque arbre, le prélèvement de folioles est constitué de deux couples de folioles inférieures et supérieures prélevées de part et d'autre du rachis dans la partie proche du point B (voir figure 3.1 page 25). Le prélèvement de rachis est constitué par une section de 20 cm de ce même rachis pris également dans cette partie proche du point B. Des étiquettes d'identification sont attachées au prélèvement.

Pour préparer l'échantillon à analyser, il ne faut conserver que les 10 à 20 cm médians des folioles et, de chaque fragment, éliminer les bords marginaux et la nervure centrale. On constitue ainsi, en séparant les deux parties, deux échantillons homologues. Le prélèvement de rachis est également séparé en deux parties. Les fragments sont nettoyés par essuyage avec un coton légèrement imbibé d'eau distillée. Les échantillons de foliole et de rachis sont ensuite desséchés à une température inférieure à 105 °C. Les analyses minérales sont réalisées dans un laboratoire spécialisé faisant partie d'un réseau.

Il est recommandé de noter les déficiences minérales visuellement observables sur l'arbre prélevé ainsi que sur ses 6 voisins. De même, la section du rachis au point C de la feuille prélevée sera enregistrée. À une fréquence à définir selon le développement des arbres, il conviendra de déterminer la surface foliaire de la palme selon une méthode *ad hoc*. Ces deux données contribueront à la détermination du stock d'éléments minéraux des arbres.

Théorie de la fertilisation

Ainsi que nous l'avons mentionné au chapitre 4, les bases théoriques de la fertilisation prennent en compte l'évolution de la base génétique du matériel végétal planté. Cela nécessite le renouvellement et la mise en place de dispositifs expérimentaux visant à mieux connaître les relations entre les niveaux critiques et les caractéristiques des sols, l'influence de la climatologie et de la production pendante sur les variations interannuelles des teneurs, la variation des teneurs en K et P des feuilles et du rachis et leur lien avec la production, le calage des courbes selon le matériel végétal, le couplage des analyses de sol et de tissus pour l'évaluation de la durabilité des cultures au pas du cycle de plantation.

Une cartographie des sols ou, tout au moins, des zones écologiquement homogènes suffisamment précises de chaque unité de plantation, est nécessaire. Des expériences de références, permettant de déterminer les éléments limitants, doivent être installées pour chaque zone ou type de sol. Le dispositif retenu doit tenir compte des connaissances acquises.

L'importance économique qui découle des résultats attendus d'une expérience requiert une concertation entre agronome, biométricien et planteur pour choisir le dispositif le mieux adapté. Dans tous les cas, il doit permettre l'établissement de courbes de réponse partout ou cela sera nécessaire. Leur ajustement à un modèle mathématique permet de calculer d'une part la dose d'engrais économiquement optimale (DOE) et d'autre part le niveau critique c'est-à-dire la teneur foliaire

nécessitant une correction spécifique. Comme cela a été mentionné aussi dans le chapitre 4, il convient de se souvenir que le niveau critique sera considéré en valeur relative plutôt qu'en valeur absolue. En effet, l'origine génétique du matériel végétal et son comportement dans un environnement donné peuvent faire varier ce niveau critique.

La collecte des données climatiques essentielles, telles que la pluviosité et le nombre de jours de pluie, doit être assurée pour chaque unité d'environ 1 000 à 1 500 ha. La productivité mensuelle (nombre de régimes et poids total) doit aussi être enregistrée par bloc afin de déterminer le plus précisément possible leur production et l'écart par rapport au potentiel attendu.

Si, comme nous le préconisons, un retour de matière organique au champ est réalisé sous forme d'épandage de rafles ou de compost, l'information (quantité par hectare appliquée, période d'application) doit être soigneusement collectée afin d'en tenir compte lors de l'application des barèmes de fertilisation. Des études récentes on montré que l'apport d'unités fertilisantes sous forme organique pouvait avoir 15 à 20 % d'efficacité supplémentaire en terme de rendement de régimes que la même quantité d'unités fertilisantes chimiques.

La détermination des quantités et du type de fertilisants à appliquer est une opération complexe tenant compte du niveau de production espéré ou atteint, donc des exportations, de la qualité du sol, de la pluviosité, de l'évolution de la nutrition minérale sur 3 années successives (suivi longitudinal) et des équilibres entre éléments et du matériel végétal (tableaux 9.3 et 9.4).

Tableau 9.3. Exemples de facteurs concourant à la détermination fine du niveau de fertilisation (cas en Asie du Sud-Est).

Élément	Forte production	Suivi longitudinal nutrition (3 ans)	Balance cations (3 ans)	Balance N/P (3 ans)	Types de sols
Azote	Oui - Urée	Oui - Urée	Oui Urée, KCl	Non	Oui
Phosphore	Oui - Rock Phosphate	Non	Non	Oui	Non
Potassium	Oui - KCl	Oui - KCl	Non	Non	Oui
Magnésium	Non	Non	Oui KCl, Dolomite	Non	Oui

Tableau 9.4. Barème de base pour la fertilisation de plantations adultes en Asie du Sud-Est.

Matériel végétal	Unité	Urée	Rock Phosphate	Chlorure de Potassium	Dolomite	Total
Nouvelle génération	kg/arbre	2,750	1,000	2,750	1,000	7,500
	t/ha	0,393	0,143	0,393	0,143	1,073
Ancienne génération	kg/arbre	2,500	1,000	2,500	0,750	6,750
	t/ha	0,358	0,143	0,358	0,107	0,965

Dans la détermination de la quantité d'engrais à apporter, il conviendra de ne pas oublier que les conditions dans lesquelles les fertilisants sont apportés dans la pratique courante des plantations sont souvent assez éloignées de celles des expériences de fertilisation. Il faut donc introduire une certaine marge de sécurité.

Enfin, dans bien des cas, des impératifs financiers conduisent l'agronome et le planteur à réviser à la baisse leurs barèmes d'application de fertilisants. Il faut être attentif à ne pas accumuler ces baisses d'une année à l'autre, mais à proposer des barèmes satisfaisant les besoins des arbres, quitte ensuite à les réviser à la baisse selon les injonctions du management.

Pratique de la fertilisation

Les applications d'engrais sont réalisées, soit manuellement en couronne large autour du rond ou sur l'andain de feuilles, soit mécaniquement, en bande sur l'interligne dégagé. L'idéal serait de mettre les éléments fertilisants à disposition à la majorité des racines absorbantes, c'est-à-dire là où se trouve la matière organique.

Les commandes de l'engrais et son transport vers les plantations doivent prendre en compte les périodes les plus favorables pour leur épandage. Les mois secs ou très chauds sont à éviter pour les applications d'urée ainsi que ceux à pluviosité supérieure à 150 mm à cause des risques de perte par lixiviation ou par lessivage pour les engrais facilement solubles. L'utilisation d'engrais composés enfouis dans de petites tranchées peut être une solution dans les zones climatiques extrêmement favorables ou pour des plantations en terrasses.

L'idéal est de fractionner la fertilisation dans le temps afin de limiter les fluctuations dans la mise à disposition des éléments nutritifs.

Dans le cas d'une fertilisation utilisant des engrais simples, il est préférable de faire deux applications par an dès que la quantité requise dépasse 2 kg par arbre. Il est aussi souhaitable d'apporter les différents éléments pendant une période de temps la plus réduite possible tout en respectant les conditions de sécurité relatives aux mélanges d'engrais.

L'apport de fertilisant sous forme d'engrais composé est préférable chaque fois que cela s'avère nécessaire : main-d'œuvre peu disponible, période d'application limitée.

Une conduite parfaite de la fertilisation doit permettre de réduire la marge de sécurité mentionnée dans la théorie de la fertilisation de façon significative. Dans des conditions très favorables comme en Asie du Sud-Est, cela aura un impact financier considérable puisque la fertilisation représente près de 70 % du coût de fonctionnement d'une plantation, hors usinage et frais financiers.

▐ Récolte des régimes

La finalité première d'une plantation en rapport est de produire une quantité maximale d'une huile de qualité à un coût optimal. La récolte des régimes est un des facteurs clef de la production : les régimes doivent être récoltés à maturité optimale, les fruits détachés collectés et l'ensemble transporté à l'usine de traitement sans retard, le même jour.

La prédiction des volumes de production, la définition des critères de maturité, de la fréquence des tours de récolte, des techniques de coupe adaptées ainsi que des contrôles précis seront les éléments nécessaires à la bonne exécution des opérations.

Prévisions de récolte

Partout où le principal facteur limitant de la production peut être l'alimentation en eau, une assez bonne estimation de celle-ci est donnée à partir de l'évaluation simplifiée du déficit hydrique. Une prévision annuelle peut-être obtenue en analysant le déficit hydrique annuel 27 mois avant la production ou cumulé sur les 31 mois précédents. Bien que ne tenant pas compte d'autres facteurs tels que le rayonnement net, l'état des réserves de l'arbre, la présence de nappes phréatiques, cette relation permet d'obtenir une prévision avec une précision de l'ordre de 10 à 15 %.

L'utilisation de courbes de production de référence par plantation voire par division est aussi très fréquente. Elles sont relativement complexes à établir et nécessitent d'avoir à sa disposition différents types de références : potentiel génétique du matériel végétal, réalisations des 15 à 20 dernières années, histoire des blocs et des plantations, évolution des densités résiduelles, etc., afin d'éliminer les blocs accidentés et de tenir compte de la décroissance effective du potentiel de production.

Cette prévision doit être complétée par des comptages quadrimestriels des régimes réalisés bloc par bloc. Dans ce système, seuls les régimes dont les jeunes fruits sont bien identifiables sont comptés ; les inflorescences en anthèse et les inflorescences passées ne le sont pas. Ainsi, trois fois par an, on dispose d'une estimation du nombre de régimes mûrs qui seront récoltés au cours des 4 mois suivants. Le recensement est effectué sur les arbres retenus pour le prélèvement foliaire et sur les 6 arbres les entourant.

Une estimation du poids moyen des régimes à récolter est également nécessaire. Celui-ci est déterminé, à la même fréquence, par la pesée d'un échantillon de 10 % des régimes récoltés pendant un tour de récolte.

À partir de ces deux séries, la production par mois, voire par tour de récolte, et par hectare pour les quatre mois à venir peut être estimée. Ces informations sont dûment enregistrées et conservées dans une base de données. Elles doivent impérativement être rapprochées de la réalisation effective : nombre de régimes récoltés et poids de régimes réceptionnés à l'usine de traitement. Les écarts doivent être analysés surtout s'ils sont non compensés ou trop importants d'une période de référence à l'autre. En Asie du Sud-Est, les réalisations de l'année en cours sont confrontées, mois après mois, à la réalisation moyenne des 4 à 5 années précédentes. Cette méthode n'est réellement précise qu'à partir du troisième trimestre et permet de faire certaines anticipations budgétaires.

Critères de maturité et fréquence de passage

La formation de l'huile dans la pulpe du fruit s'effectue durant le dernier mois de maturation, ensuite le processus de dégradation de l'huile (acidification) se met en place. Dans un régime, les fruits viennent à maturité les uns après les autres en commençant par l'extrémité du régime et de l'extérieur vers l'intérieur de celui-ci. Le processus de maturation et le taux de fruits détachés sont influencés par de nombreux facteurs : conditions agro-climatiques, âge des palmiers,

origine génétique, périodicité des tours de récolte, conditions de transport à l'usine, etc. Le stade optimal de récolte est donc un compromis à trouver pour que le régime atteigne la quantité maximale d'huile compatible avec un minimum de fruits détachés à collecter, un égrappage quasi complet à l'usine et un niveau d'acidité inférieur aux normes FOSFA.

Dès que les premiers fruits se détachent, le régime est prêt à être récolté. Comme le ramassage des fruits détachés est une opération longue et coûteuse, la coupe de régimes trop mûrs entraîne souvent l'abandon d'un nombre significatif de fruits dans les ronds ou alentour, notamment ceux qui ont été éjectés lors de la chute du régime sur le sol. Les pertes occasionnées peuvent être très importantes. Un seul fruit détaché perdu par régime équivaut à près de 10 US$ par hectare et par an de perte brute pour l'exploitation au prix 2010 de l'huile de palme, soit l'équivalent de la fertilisation annuelle de 4 arbres par hectare en Asie du Sud-Est.

Les normes de maturité actuellement pratiquées sont les suivantes :
- régime mûrs : plus de 1 à 3 fruits détachés au sol, selon les régions ;
- régimes verts : tout régime dont la maturité est inférieure au standard défini ci-dessus ;
- régimes pourris : tout régime dont le pédoncule est partiellement ou totalement nécrosé ou pourri.

Après la coupe, le pédoncule du régime est raccourci par une entaille en « V » afin de ne pas envoyer à l'usine cette partie, source de perte en huile par absorption et de réduction du taux d'extraction. Afin d'assurer une bonne qualité de la récolte il est essentiel de prévoir 4 à 5 tours de récolte par mois lorsque celle-ci est soutenue (plus de 800 kg/ ha/mois) et 1,5 à 2 tours par mois lorsque la récolte est plus faible.

Dans la pratique et pour des raisons techniques (capacité d'usinage, de transport ou de récolte), les planteurs ont beaucoup de difficulté à augmenter la fréquence de passage en période de pointe. Il en résulte des pertes en fruits détachés, des coûts de récolte plus élevés, une acidité de l'huile plus forte, voire des pertes de production.

Techniques de coupe

C'est la hauteur de l'arbre qui détermine la technique de coupe à utiliser. Dans la quasi-totalité des exploitations, la coupe des régimes se fait manuellement. De nombreux prototypes de machines à récolter ont été testés de par le monde, mais aucune n'a été adoptée, faute de rentabilité économique. Tous les outils de récolte doivent être affûtés à la pierre. L'épaisseur du métal peut être éventuellement diminuée avec une lime. Compte tenu de la dangerosité des outils utilisés, le chef d'équipe doit recevoir une formation spécifique en matière de sécurité et de conduite à tenir en cas d'accident. Les personnels doivent être équipés de chaussures de sécurité adaptées, de gants et éventuellement de casques de protection et des fournitures ou petits équipements nécessaires à la collecte et au transport des régimes et des fruits.

Ciseau étroit

Cet outil est utilisé de l'entrée en récolte jusqu'à la fin de la 5e année, au moins. Il est composé d'une lame droite, rectangulaire, longue de 20 à 25 cm et large de 7 cm et d'une queue de 15 cm plus étroite permettant de la fixer à un manche en bois ou un tube en acier galvanisé d'environ 1,5 à 2 m de long. Il permet de trancher le pédoncule du régime et de le faire sortir de l'aisselle de la feuille axillante sans trancher celle-ci.

Machette et ciseau large

À partir de la 6e année, on utilisera un ciseau à lame plus large (15 cm). Les feuilles les plus âgées gênant réellement l'accès au pédoncule sont coupées avant d'accéder au pédoncule du régime. En zones très favorables où la main-d'œuvre est un facteur limitant, certaines compagnies commencent à utiliser des ciseaux de récolte mus par un petit moteur thermique. La machette souvent utilisée entre 5 et 6 ans n'est pas recommandée, car les feuilles coupées lors de la récolte sont souvent fonctionnelles.

La formation du personnel utilisant ces outils se fait en quelques jours et doit inclure les impératifs de sécurité et la conduite à tenir en cas d'accident.

Faucille

Au-delà de 2 m de hauteur, il n'est plus possible d'utiliser la machette ou le ciseau large. Il faut alors passer à la faucille. Cet outil est constitué d'une lame courbe, fixée sur un manche de longueur variable en bambou ou en alliage d'aluminium. Il est aussi connu sous le nom de « couteau malais ».

La longueur maximale d'un manche d'un seul tenant est de 8 m. Au-delà, des rallonges sont ajoutées. Elles sont fixées soit par juxtaposition, soit par emboîtement ou manchon de raccordement. Des man-

ches en alliage d'aluminium constitués de deux parties coulissantes sont aussi disponibles.

La hauteur maximale atteinte avec ce type de matériel est de l'ordre de 11 à 13 m. Les responsables de la récolte devront veiller à ce que les récolteurs utilisant ces outils puissent toujours couper leurs régimes d'une distance de l'ordre de 2 à 3 m depuis la base du stipe. Cela permet à l'opérateur d'anticiper, en toute sécurité, la trajectoire de chute des feuilles et du régime après leur coupe. Le port d'un casque de chantier est vivement recommandé.

Lors des transferts, notamment motorisés, la lame de la faucille, extrêmement tranchante, doit être protégée dans un fourreau adéquat.

La formation du personnel employant les faucilles demande un entraînement de plusieurs semaines. Elle doit inclure les impératifs de sécurité ainsi que la conduite à tenir en cas d'accident.

Ceinture

On citera pour mémoire la récolte traditionnelle par grimpeur équipé d'une ceinture spéciale pratiquée dans certains pays d'Afrique. Elle est utilisée dans les palmeraies naturelles, pour les très grands arbres ou dans certaines stations de recherche de ces pays. Dans certains pays tels la Colombie, cette pratique n'est pas autorisée.

Dans le cas d'une utilisation en plantation commerciale ou en station de recherche, le grimpeur doit être équipé de chaussures à pointes adaptées et d'un casque de chantier. L'outil de récolte utilisé est soit une hache, soit une machette.

La formation des grimpeurs demande un entraînement long. Elle doit inclure les impératifs de sécurité ainsi que la conduite à tenir en cas d'accident.

Organisation et contrôles

La plantation étant divisée par zones, il est essentiel de toujours commencer les tours de récolte par les mêmes blocs. Le nombre d'interlignes à parcourir est fonction de l'âge des arbres, de la densité de régimes à récolter et de l'organisation du chantier.

Selon les compagnies, le chantier est organisé de différentes façons :
- 1er type. Les coupeurs ne font que couper les régimes et ranger les feuilles et une équipe de collecte transporte les régimes et les fruits détachés aux points de collecte bord-champ ;

- 2ᵉ type. Les coupeurs coupent les régimes, rangent les feuilles et transportent les régimes et une équipe spécialisée collecte les fruits détachés et les met en sacs ;
- 3ᵉ type. Les coupeurs sont chargés de l'ensemble du travail et sont le plus souvent assistés d'un membre de leur famille (Asie du Sud-Est).

Les coupeurs sont rétribués au nombre de régimes coupés. Le prix payé dépend évidemment de la densité de régimes à couper, de son poids moyen et de l'organisation du chantier.

La capacité de récolte et de sortie des régimes et des fruits détachés est de 200 à 800 kg par jour en cultures jeunes et de 600 à 2 200 kg en cultures adultes.

Il est indispensable de bien contrôler la qualité de la récolte, de la collecte des régimes et des fruits. Deux opérations sont nécessaires : sur les points de collecte, en bord-champ pour contrôler la qualité de la récolte, et dans les blocs pour évaluer les pertes. Les causes des pertes sont multiples : mauvaise qualité du travail du personnel, problèmes de gestion, soit directs (organisation, disponibilité des personnels, des moyens de transport, pannes, etc.), soit indirects (retard d'élagage, ronds non désherbés, recrû végétal dense, etc.).

Sur tous les points de collecte, le contrôleur vérifie :
- le nombre de régimes transportés ;
- la proportion de régimes verts, mûrs et pourris ;
- la proportion de régimes dont le pédoncule n'est pas raccourci ;
- la proportion de fruits détachés.

Sur les points de collecte, un régime est déclaré vert s'il n'a pas au moins 10 fruits détachés.

Dans les blocs, l'existence éventuelle de pertes après le passage des équipes de récolte et de collecte est vérifiée : régimes mûrs non coupés, coupés non transportés, feuilles non coupées ou mal rangées, fruits détachés non collectés. Ces fruits se trouvent le plus souvent dans la couronne, à l'aisselle des bases pétiolaires ou sur le sol (dans le rond, la couverture ou l'interligne).

▌ Collecte des régimes

Les systèmes actuels de collecte n'évitent pas une rupture de charge en bordure des blocs où les régimes et les fruits détachés sont déposés avant d'être repris pour leur transport vers l'huilerie.

Sortie bord-champ

La sortie bord-champ est manuelle, assistée ou mécanisée. Elle doit être réalisée le plus rapidement après la coupe des régimes. Ceux-ci sont disposés, pédoncules vers le haut, sur l'aire du point de collecte en lignes de 5 ou 10 régimes afin de faciliter leur comptage et les contrôles. Les points de collecte sont régulièrement entretenus. Les régimes rejetés (régimes pourris notamment) sont rassemblés et brûlés afin d'éviter de donner naissance à des pépinières sauvages difficiles à détruire et sources de matériel végétal illégitime.

En collecte villageoise, si l'attente se fait en plein soleil ou si elle excède 24 heures, il est recommandé de couvrir les régimes et les fruits détachés avec des palmes pour éviter une dégradation de la qualité sous l'effet du soleil ou des intempéries.

Sortie manuelle

La personne chargée de l'opération dispose les régimes et les fruits dans un grand récipient (cuvette en métal léger ou panier) qu'elle portera jusqu'au point de collecte. Ce type de travail ne devrait plus être qu'exceptionnel, car une bonne préparation du terrain (extension comme replantation) doit toujours prévoir les sentiers nécessaires à une sortie assistée des régimes et des fruits y compris dans les bas-fonds et les plantations en terrasse.

Sortie assistée

Les régimes et les fruits sont placés dans une brouette, un bât de charge ou une petite remorque à traction bovine. L'utilisation de brouettes adaptées permet une amélioration de productivité tout en diminuant la pénibilité du travail. Elle nécessite l'aménagement du sentier de récolte et sa maintenance régulière.

Dans les pays d'Amérique latine, on utilise des mules équipées de bâts et de paniers dont la charge utile est de 140 kg environ. Une mule peut transporter 3 tonnes de régimes par jour, un jour sur deux. Elle est conduite par un muletier assisté d'un ramasseur de fruits. Ce système est tout-terrain.

En Afrique, il est possible d'utiliser la traction bovine pour assurer ce travail. Elle nécessite un attelage de deux bœufs et d'une charrette à benne basculante de 500 kg de charge utile. L'équipe est constituée d'un bouvier conducteur et de deux chargeurs. Ce système permet de sortir 2 300 kg de régimes par homme et par jour. Il est réservé aux blocs relativement plats et nécessite un aménagement spécifique des interlignes dégagés. Les bœufs ne travaillent qu'un jour sur deux.

L'utilisation d'animaux de trait ou de bât nécessite un entretien parfait des animaux (alimentation, pâturage, soins vétérinaires, etc.).

Sortie mécanisée

L'équipement nécessaire représente un investissement élevé. Donc, il doit avoir la meilleure productivité. Le plus souvent, la sortie des régimes et des fruits détachés fait l'objet de deux chantiers. Les fruits détachés sont mis en sac et rassemblés bord-champ pour leur transport à l'usine.

Trois systèmes sont possibles : deux permettent une sortie bord-champ, l'autre un transport jusqu'à l'huilerie. Ils nécessitent des rendements en régimes supérieurs à 400 kg/ha/tour. Les engins utilisés doivent être équipés de pneus à basse pression afin de limiter la compaction des sols. Les abords des blocs et les interlignes dégagés doivent être aménagés pour ce type de sortie, si possible, dès la préparation de la plantation. Ce type de sortie n'est pas utilisable sur les terrains accidentés. En zone de bas-fond, des engins spécifiquement adaptés sont requis.

Les conducteurs doivent avoir reçu une formation de mécanicien afin de pouvoir résoudre les petits problèmes mécaniques et être équipés des moyens de communication *ad hoc* permettant d'alerter l'atelier de réparation en cas de difficulté non résolue.

Sortie de régimes bord-champ :
– utilisation de petits véhicules à benne de capacité de 200 kg environ. Ils sont associés à une équipe de 3 personnes (1 conducteur et 2 chargeurs). La capacité de l'équipe est de 4 à 8 tonnes de régimes par jour selon la densité de régimes par hectare et leur poids moyen ;
– utilisation de système *cable-way*, identique à ceux utilisés pour les plantations de bananes.

Sortie des régimes et transport jusqu'à l'usine : dans des plantations de plus de 5 ans, transport par des ensembles de capacité de 3 à 4 tonnes de régimes (véhicules automoteurs, tracteurs agricoles légers équipés de remorques, etc.). Associés à une équipe de 3 personnes (1 conducteur et 2 chargeurs), ils permettent le transport de 12 à 18 tonnes de régimes par jour jusqu'à une distance de 7 à 10 km. Dans ce cas, les contrôles de récolte doivent être adaptés puisqu'ils ne peuvent plus être réalisés bord-champ, mais au pied des arbres.

Acheminement à l'huilerie

Les régimes et les fruits déposés sur les points de collecte doivent être acheminés vers l'huilerie. Le délai entre la coupe du régime et son traitement doit être le plus court possible. L'objectif à atteindre est de couper, transporter et traiter les régimes dans les 24 heures. Pour cela, il est recommandé de décaler le traitement des régimes à l'huilerie d'environ 6 heures après le début de la coupe des régimes.

Les stratégies mises en place pour assurer cet acheminement des régimes vers les usines dépendent de nombreux facteurs tels que la superficie de la plantation, le type et l'état du réseau routier, la capacité d'investissement, le type d'approvisionnement de l'huilerie (tierces parties ou non, collecte villageoise ou non), la possibilité de contractualiser à des transporteurs intermédiaires, etc.

En plantations commerciales, plusieurs stratégies sont le plus souvent rencontrées (planche 31) :
- le transport par tracteurs agricoles et remorques de 3 à 10 tonnes de capacité ou par camions de capacité minimale de 7 tonnes;
- une variante avec le dépôt bord-champ de bennes de type Amplirol©;
- le transport en cages de stérilisation. En général, les régimes sont acheminés depuis bord-champ jusqu'à des rampes de chargement localisées dans chaque grande division de la plantation. La liaison avec l'huilerie est assurée par un train de type Decauville à voie étroite. Les cages sont posées sur des wagonnets adaptés. Une variante avec le chargement direct des cages bord-champ existe aussi. Les cages circulent sur des ensembles tirés par des tracteurs agricoles. Puis lorsqu'elles sont pleines, elles sont transférées sur le train à l'aide d'un portique mobile;
- le transport en wagonnets. Dans certaines situations, la plantation peut être équipée, parallèlement au réseau routier, d'un réseau de voies étroites. Les régimes sont directement chargés bord-champ dans les wagonnets équipés de bennes basculant sur le côté.

Dans le cadre de la collecte villageoise ou de tierce partie, le transport se fait le plus souvent par camions de 7 tonnes de capacité environ. Ces camions peuvent être équipés de grues avec filet ou godet facilitant le chargement. Un peson peut être ajouté, facilitant la collecte des informations en secteur villageois.

En Asie du Sud-Est, il n'est pas rare de voir la collecte des régimes confiée à un contractant, y compris en plantations commerciales. En

Indonésie, avec la très grande proportion de planteurs villageois non encadrés et d'huileries s'approvisionnant auprès de tiers, on note une cascade de transporteurs intermédiaires : depuis bord-champ jusqu'à un premier point de regroupement en camionnettes ou remorques (1 à 2 tonnes de régimes), puis par camion de capacité moyenne (4 à 7 tonnes) jusqu'à un grand dépôt et enfin jusqu'à l'huilerie par camions de 30 à 40 tonnes.

Durée de l'exploitation

La durée d'exploitation de la palmeraie varie en fonction de nombreux facteurs dont la croissance du matériel végétal, la présence de maladies létales réduisant la densité, les conditions pédoclimatiques et des considérations d'ordre économique. Lorsque 30 % des arbres ne peuvent plus être récoltés avec les perches les plus longues, ou lorsque la densité résiduelle est inférieure à 90 arbres par hectare, la décision de replantation peut être prise. La mise à disposition d'une nouvelle génération de matériel végétal d'un potentiel bien supérieur à la vieille palmeraie est aussi un facteur décisif.

En général, la durée de vie économique d'une plantation commerciale varie entre 20 et 35 ans.

Un certain nombre d'opérations sont à stopper 2 ou 3 ans avant l'abattage (diagnostic foliaire, réduction ou suppression de la fertilisation selon les besoins), ou à mettre en œuvre : identification et éradication des arbres malades *(Ganoderma)*, élimination des sites de ponte et de développement de certains ravageurs *(Oryctes,* etc.), évaluation des aménagements à réaliser pour la mise en conformité avec les principes et critères de développement durable, etc.

Systèmes d'information géographique et gestion des exploitations

Nous avons vu précédemment que de très nombreuses informations sont à collecter et à maintenir au sein de bases de données dans les plantations. Le plus souvent elles sont agrégées successivement à chaque niveau décisionnel. Dans une gestion manuelle, il peut arriver que la même information soit retranscrite jusqu'à 5 ou 6 fois avec les risques d'erreur, de perte de temps et d'efficacité inhérents à ce type d'organisation.

Le développement de l'informatique individuelle dans les années 1980 a permis de mettre en œuvre des systèmes de gestion de bases

de données (SGBD) de plus en plus performants. Ils sont basés sur des tables simples et non redondantes mises en relation et interrogées à l'aide d'un langage d'interrogation et de manipulation standard (SQL). Ces systèmes ont commencé à être utilisés tout d'abord en gestion comptable, puis dans les années 1990 dans la gestion des bases de données agronomiques.

Pendant la même période, la cartographie assistée par ordinateur (CAO) a bénéficié aussi de l'extraordinaire développement de l'environnement microinformatique. À des coûts très raisonnables, il est possible de collecter, d'organiser et de gérer tous les types de données cartographiables.

La mise en relation des systèmes de gestion de bases de données et la cartographie assistée par ordinateur permet de développer des systèmes d'information géographique dont il faut se rappeler que l'objectif ultime est l'aide à la décision.

Le succès d'un développement durable d'une activité comme la culture du palmier à huile passera nécessairement par la mise en place d'une agriculture de précision où tous les facteurs de production doivent être étudiés, analysés et synthétisés, sans retard au meilleur degré de précision possible. La mise en place d'un système d'information géographique répond donc à cette exigence.

Elle fait appel à des expertises spécifiques dans les domaines suivants :
- l'acquisition des données, qu'elles soient géographiques, agronomiques ou financières ;
- la gestion de ces données, leur mise à jour, la fréquence de cette mise à jour et l'extraction des sous-ensembles ;
- la présentation des données sous une forme utile à l'utilisateur via éventuellement une interface directe permettant à l'utilisateur d'interroger le système d'information géographique ;
- enfin, l'organisation technique, humaine ainsi que l'accès aux données.

Avec les experts, il conviendra de réfléchir à ce qui doit être fait pour :
- acquérir des fonds de cartes, pixellisation d'une carte existante, géo-localisation point par point, utilisation d'une image satellitaire, etc. ;
- définir la précision souhaitée permettant éventuellement de zoomer de la plantation au bloc ;
- sélectionner les données à introduire dans le système de gestion de bases de données, agronomiques, financières, etc. ;

- l'éventualité d'une agrégation préalable ou non (données journalières, par tour, mensuelles);
- le type de sortie (écran ou papier);
- les utilisateurs visés;
- le temps de réponse pour une requête donnée;
- la mise en place d'un module Expert;
- le mode de transmission des informations;
- la sécurité de l'accès au système d'information géographique, d'autant plus que les bases de données contiennent un grand nombre d'informations sensibles.

Même si les nombreux systèmes existant sur le marché peuvent donner satisfaction, il est recommandé de faire appel également à des experts en la matière afin de personnaliser leur installation, assurer la transition avec l'organisation antérieure et introduire les modules les uns après les autres.

En effet, la mise en place d'un système d'information géographique mal conduit peut amener une grande frustration si les différents systèmes de gestion de bases de données utilisés sont difficilement compatibles ou peu flexibles, si les programmeurs et le management à tous les niveaux ne se sont pas bien compris ou si elle détourne les responsables de terrain de leur activité première : le terrain.

De nouvelles technologies sont maintenant disponibles pour mettre en œuvre aisément des systèmes d'information géographique exploitant des données spécifiques à chaque arbre planté. Elles sont particulièrement utiles en ce qui concerne la défense des cultures pour le suivi de ravageurs récurrents ou en cas de maladies telles que le *Ganoderma*, la fusariose ou les pourritures du cœur.

En ce qui concerne la gestion des plantations, l'utilisation d'images satellitaires (SPOT Image©, Landsat TM5©, Ikonos©) est en cours de développement. Elle nécessite la mise au point très précise de la corrélation entre les caractéristiques multi-spectrales de l'image satellitaire et le paramètre visé (nutrition, production, défense des cultures, etc.) ainsi qu'une validation rigoureuse fondée sur des observations de terrain réalisées dans chacune des régions ciblées. En revanche, ces images dont le pixel peut être inférieur au mètre, peuvent apporter une information très utile pour les études préliminaires à un projet d'établissement d'une grande plantation de palmier à huile ou de son acquisition voire les études techniques et agronomiques de ce projet. La plus grande difficulté sera d'obtenir les scènes au moment espéré, à la fréquence souhaitée et à un coût qui ne soit pas prohibitif.

Jeune culture d'un an en Côte d'Ivoire, couverture végétale abondante
(© J.-C. Jacquemard).

Plantation clonale âgée de 15 ans dans le Nord-Sumatra
(© J.-C. Jacquemard).

Palmeraie villageoise en souffrance potassique très sévère :
feuilles basses desséchées et feuilles hautes jaunissantes (© J.-C. Jacquemard).

Symptômes de déficience potassique sévère
dans la couronne foliaire moyenne (© J.-C. Jacquemard).

Planche 3 - Symptômes typiques de déficience en potassium

Petites taches orangées ou *Orange spotting* sur les folioles de palmier atteint de déficience potassique (© J.-C. Jacquemard).

Plage orangée à brun foncé sur les folioles de palmier atteint de déficience potassique (© J.-C. Jacquemard).

Palmier sain de 4 ans à Sumatra (© J.-C. Jacquemard).

Palmier de 5 ans souffrant d'une forte déficience en magnésium (© J.-C. Jacquemard).

Expression caractéristique de la déficience en magnésium
sur des feuilles exposées au soleil en plantation adulte (© J.-C. Jacquemard).

Effet caractéristique de l'exposition au soleil dans l'expression de la déficience
en magnésium ou « ombre verte » sur les parties cachées
(© J.-C. Jacquemard).

Jeune palmier, déficient en bore, présentant un port en plateau dû
au raccourcissement du pétiole et du rachis des feuilles (© J.-C. Jacquemard).

Palmier adulte, déficient en bore, présentant des symptômes
de déformation des feuilles en arête de poisson (© J.-C. Jacquemard).

Bandes blanches longitudinales sur folioles
associées à une déficience en bore (© J.-C. Jacquemard).

Extrémités des folioles en baïonnette associées à une déficience en bore
(© J.-C. Jacquemard).

Jeune palmier adulte planté sur tourbes
et exprimant des symptômes de déficience en cuivre (© J.-C. Jacquemard).

Détail de folioles exprimant une déficience en cuivre
(© J.-C. Jacquemard).

Planche 9 - Germination

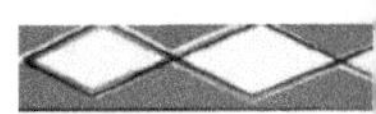

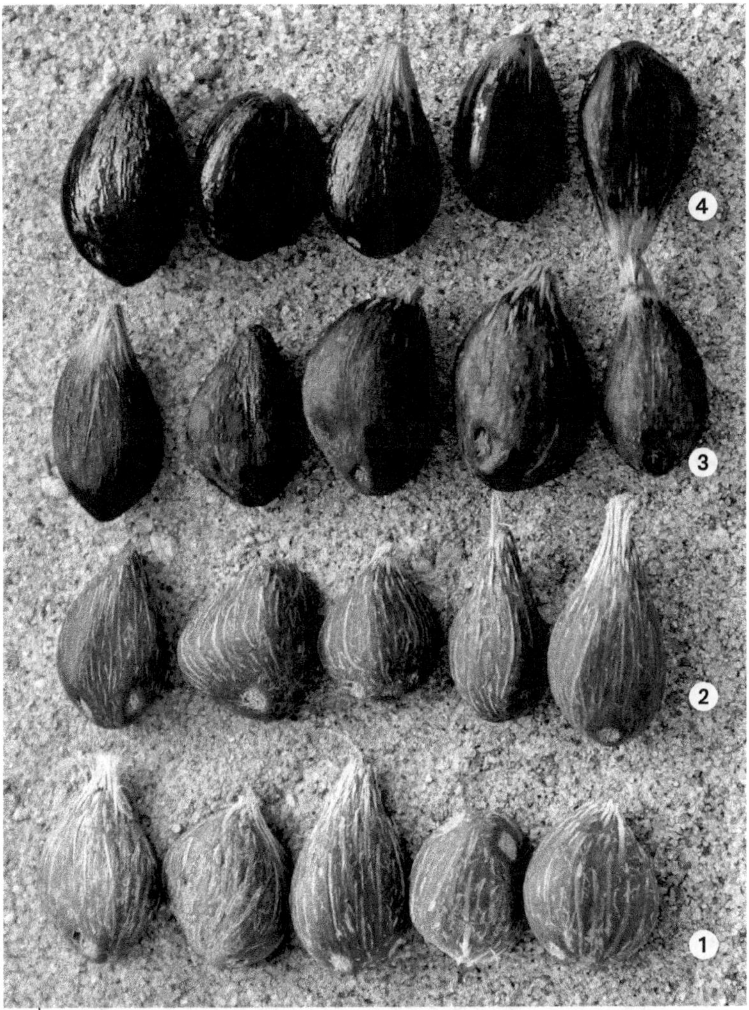

Charte des couleurs des graines au cours du processus de germination (© J.-C. Jacquemard).

1. Brun clair : sortie de stockage - 2. Brun foncé : chauffage - 3. Noir mat : germination - 4. Noir brillant : sortie de trempage

Symptômes externes de *blast* sur plant de 5 mois en pépinière
(© J.-C. Jacquemard).

Symptômes internes de *blast* sur plant de 2 mois en pépinière
(© H. de Franqueville).

Plant normal âgé de 5 mois
(© J.-C. Jacquemard).

Arrêt de croissance associé
à des ponctuations jaunes
dû à la pourriture sèche du cœur
sur plant de 5-6 mois en pépinière
(© H. de Franqueville).

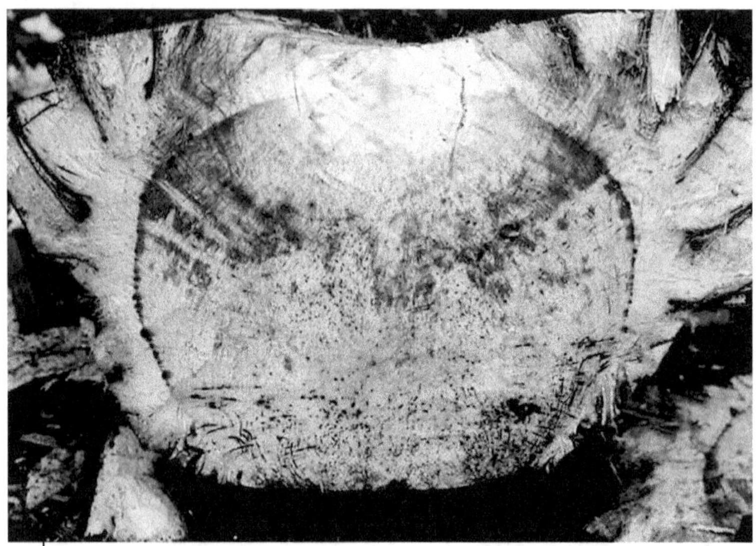

Symptômes internes dus à la pourriture sèche du cœur sur plants de 5-6 mois de pépinière (© H. de Franqueville).

Taches caractéristiques de *Cercospora elaeidis* en pépinière (© J.-C. Jacquemard).

Symptômes externes
de la fusariose typique
dans une palmeraie adulte
(© H. de Franqueville).

Symptômes externes
de la fusariose chronique
dans une palmeraie adulte
(© J.-C. Jacquemard).

Symptômes foliaires de *Ganoderma* sur jeune palmier à huile adulte (© J.-C. Jacquemard).

Symptômes foliaires typiques de *Ganoderma* sur palmier isolé dans une palmeraie dévastée (© J.-C. Jacquemard).

Carpophore de *Ganoderma* sur la base du stipe d'un palmier adulte malade (© J.-C. Jacquemard).

Exemple de crevasse
due à la pourriture sèche
de la base du stipe
provoquée par le *Ganoderma*
(© J.-C. Jacquemard).

Forte mortalité dans un croisement sensible en test précoce
(© J.-C. Jacquemard).

Développement de carpophore de *Ganoderma*
sur une plantule en test précoce (© J.-C. Jacquemard).

Palmier atteint de Marchitez sorpresiva (© A. Berthaud).

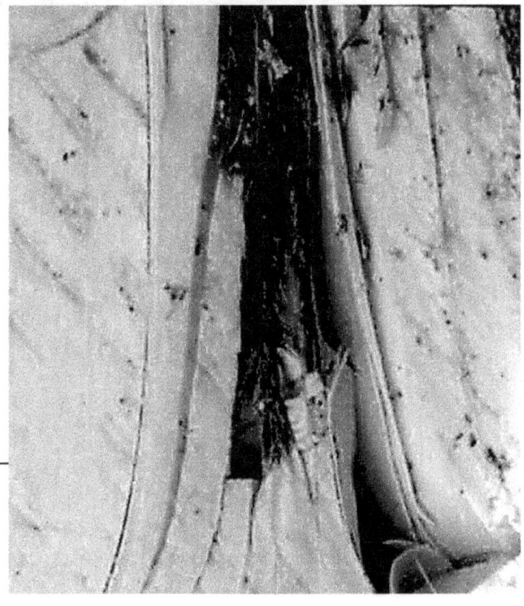

Symptômes de pourriture du cœur sur jeunes flèches - coupe longitudinale (© H. de Franqueville).

Symptômes sur les flèches
et les jeunes feuilles
d'un palmier malade
(© P. Gallardo).

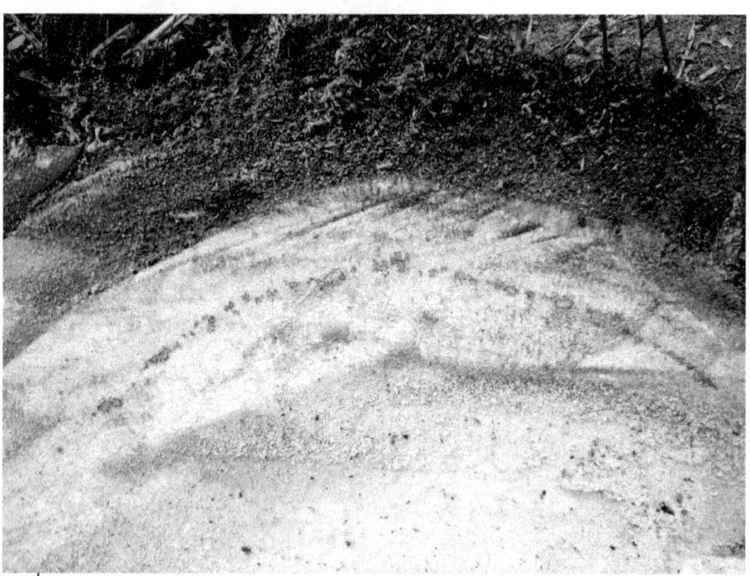

Symptômes internes sur une coupe transversale de la base du stipe :
anneau de taches rougeâtres en périphérie du cylindre central (© P. Gallardo).

Chenille de *Setora nitens* (© J.-C. Jacquemard).

Chenille de *Setothosea asigna* (© J.-C. Jacquemard).

Chenille de *Thosea vetusta* (© J.-C. Jacquemard).

Chenille de *Metisa plana* (© J.-C. Jacquemard).

Attaques multiples d'adultes *d'Oryctes rhinoceros*
sur jeune palmier à huile (© J.-C. Jacquemard).

Larve *d'Oryctes rhinoceros* en stade 3 (© J.-C. Jacquemard).

Présence de pilosité abondante sur les derniers segments
de l'abdomen de l'*Oryctes rhinoceros* femelle (© J.-C. Jacquemard).

Absence de pilosité abondante sur les derniers segments
de l'abdomen de l'*Oryctes rhinoceros* mâle (© J.-C. Jacquemard).

Réitérations caractéristiques de racine primaire attaquée par *Sufetula* sp. (© J.-C. Jacquemard).

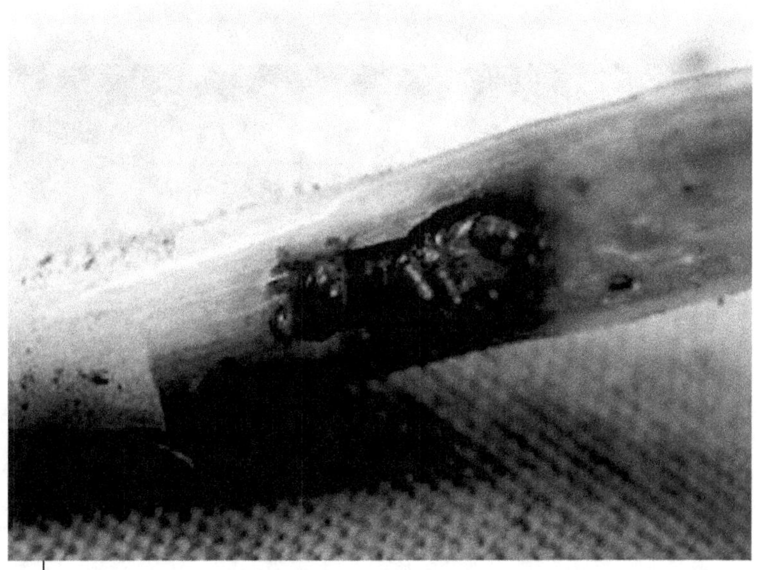

Chenille de *Sufetula* sp. *in situ* (© L. Ollivier).

Palmeraie dévastée par *Coelaenomenodera lameensis* (© D. Mariau).

Chenille de *Latoia viridissima* (© J.-C. Jacquemard).

Adulte de *Coelaenomenodera lameensis* (© L. Ollivier).

Galeries larvaires de *Coelaenomenodera lameensis*
(© J.-C. Jacquemard).

Décolorations provoquées par *Retracrus elaeis* (© A. Berthaud).

Chenille de *Euprosterna copula* (© P. Gallardo).

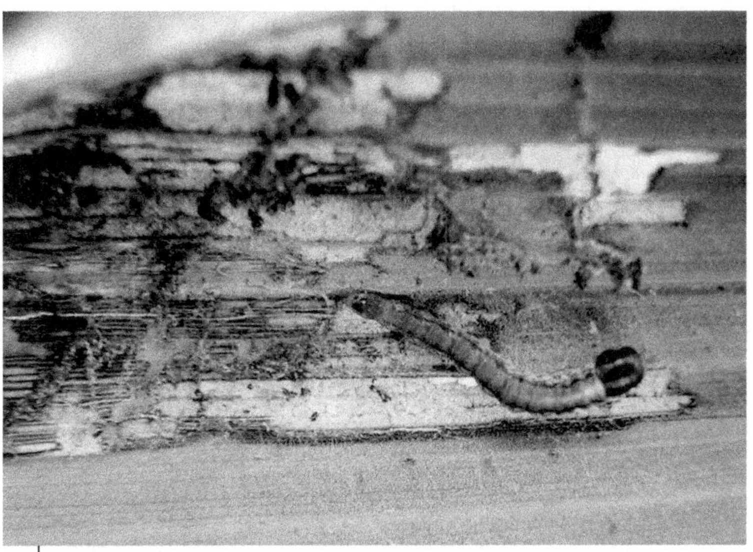

Chenille de *Stenoma cecropia* extraite de son fourreau
(© P. Gallardo).

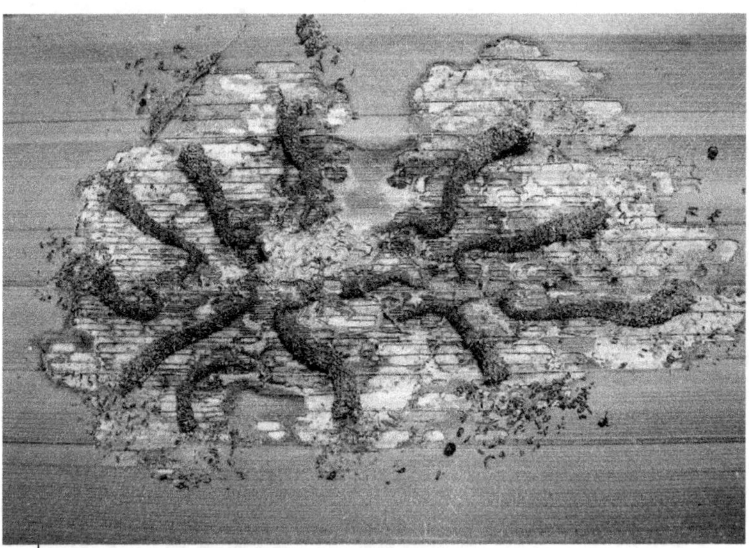

Chenilles de *Stenoma cecropia* dans leur fourreau
(© P. Gallardo).

Chenille de *Sethotosea* mycosée (© L. Ollivier).

Hyphes de champignons sur nymphe (© J.-C. Jacquemard).

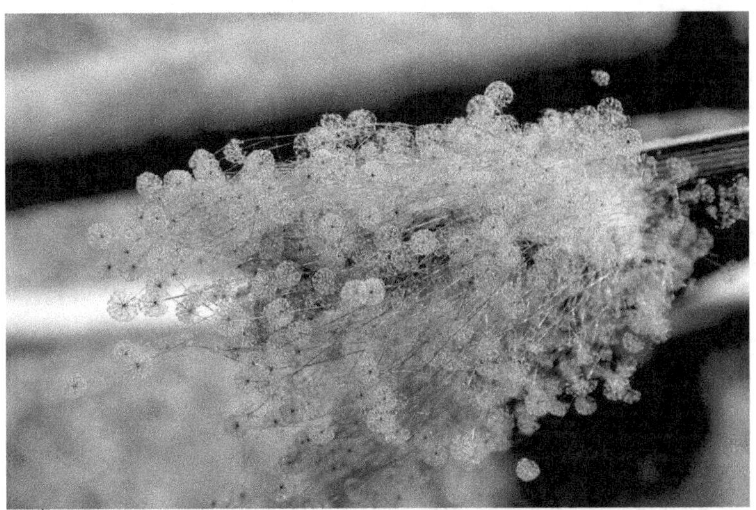

Chenille parasitée par un *Aspergillus* (© J.-C. Jacquemard).

Protrusion typique du segment anal d'une larve d'*Oryctes rhinoceros* infectée par un nudivirus (© J.-C. Jacquemard).

Elaeidobius kamerunicus sur épillet mâle en anthèse
(© J.-C. Jacquemard).

Allée de *Turnera* sp. en jeune culture de palmier
(© J.-C. Jacquemard).

Transport de régimes par tracteur agricole
(© J.-C. Jacquemard).

Transport de régimes par train de cages
(© J.-C. Jacquemard).

Trémie de réception des régimes à égrapper (© J.-C. Jacquemard).

Retour des rafles de régimes au champ pour le maintien du taux de matière organique (© J.-C. Jacquemard).

10. La lutte intégrée contre les maladies et les ravageurs

La FAO définit la lutte intégrée comme «l'utilisation de toutes les techniques et méthodes appropriées de façon aussi compatible que possible en vue de maintenir les populations d'organismes nuisibles à des niveaux où ils ne causent pas de dommages économiques». Il s'agira donc de prendre en compte l'ensemble des nuisibles du palmier à huile et de développer des schémas de contrôles de ces ennemis tenant compte de tous les critères phytosanitaires, agronomiques, écologiques, économiques et sociaux.

Ces stratégies s'efforceront d'associer, partout où cela est possible, l'utilisation de la lutte biologique à des techniques culturales évitant l'installation ou limitant le développement excessif de ces ennemis et favorisant leurs antagonistes. Lorsque la lutte biologique n'est pas possible, les stratégies s'orientent vers une lutte chimique raisonnée par des applications de produits phytosanitaires sur la base de seuils techniques et économiques et non par des applications prophylactiques, la délimitation précise des zones à traiter et des périodes pour le faire, l'utilisation de matières actives les moins nocives possibles pour les personnels et l'environnement et enfin, un matériel végétal résistant ou tolérant.

Maladies

De nombreuses maladies affectant le palmier à huile sont connues. Elles peuvent toucher les différents organes de la plante et être présentes à différents stades de la culture. Certaines maladies, notamment aux stades jeunes, peuvent être combattues par de simples pratiques culturales. D'autres, plus graves, peuvent engager la survie de l'arbre atteint et donc affecter le potentiel économique de la plantation. Il n'y a pas d'aire de culture connue, exempte de maladies en plantation.

Le tableau 10.1 présente les maladies les plus fréquentes aux divers stades de cultures auxquels elles sont rencontrées. Seront présentés de façon succincte les symptômes, les dégâts causés, le vecteur et l'agent causal lorsqu'ils sont connus, l'aire géographique et les méthodes de lutte (voir planches 13 à 18; chapitre 14 pour les précautions à prendre).

Dans le cas du dessèchement brutal de la couronne d'un arbre en plantation, il conviendra de vérifier l'éventualité d'un coup de foudre, qui se reconnaît aux cassures et dessèchements de feuilles orientés vers le ou les arbres atteints en tache.

Tableau 10.1. Les maladies du palmier.

Stade	Maladie	Agent causal (A) et vecteur (V)	Zone géographique
Prépépinière	Fonte de semis	Divers agents et vecteurs probables	Toutes régions
Prépépinière	Anthracnoses	A : divers champignons, dont *Colletotricum* sp. V : non identifiés	Afrique, Asie du Sud-Est
Pépinière, parfois prépépinière, 1re année de plantation	*Blast*	A : bactéries de type mycoplasme V : *Recilia mica* (Homoptère Jassidae)	Afrique
Pépinière, rare en prépépinière	Cercosporiose	A : champignon foliaire *Cercospora elaeidis* V : non identifié	Afrique
Pépinière, rare en prépépinière	*Curvularia*	A : champignon foliaire *Curvularia* sp. V : non identifié	Asie du Sud-Est
Pépinière, 1re année de plantation	Pourriture sèche du cœur	A : non identifié V : *Sogatella cubana*, *S. kolophon*	Afrique

L'utilisation de toute nouvelle molécule ou formulation devra faire l'objet d'une expérimentation afin d'en valider les conditions d'utilisation (phytotoxicité directe ou indirecte, efficacité, effet sur l'environnement, les personnels, etc.).

Organe affecté, symptôme, dégât	Méthode de lutte
Absence de levée	Lutte préventive : éviter les excès d'ombrage, d'arrosage ou les sols trop lourds. Désinfection du sol avec une solution à 10 % d'hypochlorite de soude à 5,25 %
Taches brunes à bords arrondis cernées d'un halo jaunâtre ; centre gris cassant sur les feuilles	Lutte préventive : éviter les excès d'ombrage, d'arrosage ou les sols trop lourds
Pourriture de la flèche et du cortex racinaire ; section du cœur orangé Maladie très souvent mortelle	Lutte préventive : ombrière pendant les périodes sensibles ; élimination des graminées sur 40 m autour du site et désherbage soigneux de la pépinière ; pièges colorés
Mouchetures brun-orange sur feuilles âgées puis dessèchement des extrémités et des bordures du limbe Maladie de faiblesse. Effet dépressif sur la croissance. Sans effet économique en plantation	Lutte chimique : mancozèbe (2 g/l), thiophanate-méthyle (1 g/l) et bénomyl (0,5 g/l), 20 à 150 ml pulvérisé à la face inférieure des feuilles selon la taille du plant
Taches rondes brun foncé sur feuilles moyennes et basses Révèle un stress important subi par la plante. Sans effet économique en plantation	Lutte préventive : supprimer si possible la cause du stress Lutte chimique : voir Cercosporiose
Petites taches jaunâtres sur la flèche et de part et d'autre de la nervure centrale. Arrêt de la croissance. Tache huileuse dans le plateau racinaire ou aspect liégeux Parfois coloration violette du plateau racinaire Maladie mortelle	Voir : *blast*

Tableau 10.1. Les maladies du palmier. *suite*

Stade	Maladie	Agent causal (A) et vecteur (V)	Zone géographique
Plantation, pépinière	Fusariose (voir planche 13)	A : champignon tellurique *Fusarium oxysporum elaeidis* V : non identifié	Afrique (quasiment toutes les aires de culture) Présence en Amérique latine
Plantation	*Ganoderma* (voir planches 14, 15, 16)	A : champignon tellurique *Ganoderma boninense* V : non identifié	Asie du Sud-Est, Afrique, Amérique latine
	Anneau rouge (voir planche 18)	A : nématode *Rhadinaphelenchus cocophilus* Cobb. V : *Rhyncophorus palmarum* L.	Amérique latine, Caraïbes
	Taches annulaires	A et V non identifiés Les graminées sont favorisantes	Amérique latine

Organe affecté, symptôme, dégât	Méthode de lutte
En plantation âgée. Cas chronique : plusieurs flèches non ouvertes, réduction de la longueur des feuilles, stipe en pointe de crayon, production très faible à nulle Cas typique : jaunissement puis dessèchement des feuilles moyennes, cassure au premier tiers du rachis, jeunes feuilles courtes, mort fréquente. En replantation jeune : feuilles moyennes jaunissantes et raccourcissement des jeunes feuilles Dans tous les cas, présence caractéristique de fibres brunes dans le cœur, le stipe ou le pétiole. Maladie grave souvent mortelle Apparaît vers 8-10 ans. Dès le jeune âge en replantation, rémission possible. Contamination de proche en proche par les racines	Lutte intégrée : éradication des arbres malades. Extirpation des souches Replantation le plus loin possible des anciennes souches de palmier avec un matériel végétal génétiquement tolérant
Flèches non ouvertes, dessèchement des palmes basses, apparition facultative de carpophores sur le stipe, pourriture sèche de la base ou à mi-hauteur du stipe Maladie mortelle apparaissant tardivement en extension et dès le jeune âge en replantation. Contamination de proche en proche par les racines	Lutte intégrée : éradication des arbres malades. Extirpation des souches, déchiquetage des stipes lors de l'abattage. Application d'antagonistes à la replantation (*Trichoderma* sp.) Replantation le plus loin possible des anciennes souches de palmier avec un matériel végétal génétiquement partiellement résistant
Croissance réduite et jaunissement des feuilles les plus jeunes qui restent serrées ensemble en masse compacte. Cette masse se rabougrit ou pourrit à la longue. Avortement partiel ou total des inflorescences ou des fruits Couleur jaune bronze des feuilles médianes gagnant toute la couronne Maladie mortelle. Apparition précoce Certains arbres présentent un arrêt de l'évolution des symptômes après le rabougrissement des jeunes feuilles	Lutte intégrée : prévention des blessures faites aux arbres Lutte contre tous les ravageurs pouvant occasionner des blessures, contrôle des rhyncophores par piégeage et destruction des gîtes larvaires
Chlorose générale des jeunes feuilles, taches annulaires sur les folioles, feuilles atrophiées, jaunissement de toutes les feuilles et mort de l'arbre. Taches nécrotiques brunes dans le plateau racinaire, fibres brunes dans les pétioles Incidence se réduisant avec l'âge des palmiers (5-6 ans). Maladie mortelle rapportée dès le jeune âge	Lutte intégrée : éradication des arbres malades, élimination des graminées, installation d'une bonne plante de couverture. Tolérance de certains hybrides *E. oleifera* x *E. guineensis*

Tableau 10.1. Les maladies du palmier. *suite*

Stade	Maladie	Agent causal (A) et vecteur (V)	Zone géographique
Plantation	Marchitez sorpresiva (voir planche 17)	A : protozoaire flagellé intra-phloèmique *Phytomonas* sp. V : insectes piqueurs : *Lincus* sp. *Ochlerus* sp.	Amérique latine
	Marchitez létal		Colombie
	Pourriture du cœur	A et V non identifiés	Signalée en Côte d'Ivoire
	Pourriture(s) de cœur(s) (voir planche 18)	A et V non confirmés	Amérique latine
	Pestalotiopsis	A : *Pestalotiopsia* sp. V : Blessures causées par les insectes défoliateurs ou piqueurs *(Leptopharsa gibbicarina)*	Amérique latine : Colombie, Équateur, Honduras

Organe affecté, symptôme, dégât	Méthode de lutte
Chlorose générale des feuilles basses gagnant rapidement les feuilles hautes, dessèchement total du feuillage en moins d'un mois, pourriture précoce des régimes et des racines Maladie mortelle foudroyante	Lutte intégrée : éradication des arbres atteints, contrôle des vecteurs par pulvérisation de deltaméthrine ou cyhalométhrine à l'aisselle de toutes les feuilles des arbres voisins (premier et second cercle) et sur les arbres jeunes, sur une couronne de 20 à 30 cm autour du palmier Moindre sensibilité des hybrides *E. oleifera* x *E. guineensis*
	cf. Marchitez sorpresiva et éradication des graminées
Taches huileuses sur folioles de la base des jeunes feuilles, coloration jaune des jeunes feuilles, dessèchement progressif des feuilles les plus âgées restant dressées, mort de l'arbre Maladie mortelle apparaissant à partir de 3 à 4 ans	Lutte intégrée : éradication des arbres malades et destruction des souches et des stipes
Symptômes variable selon les pays. Symptômes externes : chlorose des jeunes feuilles, brunissement et nécrose des extrémités des folioles, craquelures ou scarifications brun foncé sur la face inférieures des feuilles 1 à 10 Symptômes internes : pourritures plus ou moins asymétriques des folioles de la flèche, pourriture déliquescente descendante des tissus des jeunes feuilles Le système racinaire et les régimes restent sains longtemps Maladie mortelle apparaissant dès le jeune âge Incidence variable selon les pays et les plantations, de quelques individus à la destruction totale d'une plantation Plusieurs maladies sont possibles	Lutte intégrée : éradication des arbres malades. Les hybrides *E. oleifera* x *E. guineensis* sont très tolérants
Taches grises sur les folioles avec un halo jaunâtre au début. Puis les taches deviennent coalescentes, grises et cassantes. Les folioles peuvent se nécroser entièrement. Fait suite à des attaques d'insectes défoliateurs ou piqueurs	Lutte intégrée : contrôle des attaques d'insectes défoliateurs et piqueurs suceurs, via traitements insecticides Mesures agronomiques visant à réduire les sources d'inoculum (élagage et répartition des feuilles coupées dans les espaces interlignes) et l'humidité sous plantation

Ravageurs

▐ Insectes

Les insectes ravageurs du palmier à huile sont très nombreux et variés. Ils s'attaquent à tous les organes de la plante (racine, tissu interne du stipe, feuilles, inflorescences et fruits). Les plus fréquemment rencontrés sont les chenilles de Lépidoptères défoliateurs. L'ordre des Lépidoptères et l'ordre des Coléoptères sont les plus représentés. Viennent ensuite les ordres des Isoptères (termites), des Orthoptères (sauterelles) et des Hémiptères (punaises). En Afrique, continent d'origine d'*Elaeis guineensis* Jacq., le nombre d'espèces ravageuses est nettement plus faible que sur les autres continents, probablement parce que leur cortège parasitaire et leurs prédateurs sont importants. Sur les autres continents, les espèces attaquant le palmier sont le plus souvent inféodées à des espèces de palmacées indigènes ou à d'autres plantes. Elles se sont parfaitement bien adaptées au palmier à huile. Parmi les ravageurs rencontrés, se trouvent également quelques insectes piqueurs ou foreurs importants. Les formes nuisibles des ravageurs peuvent être l'adulte, la larve ou la chenille et l'ouvrier dans le cas des Isoptères.

Les principales espèces sont reprises dans le tableau 10.2 selon l'organe attaqué : foliole, flèche, pétiole, stipe, racine, stigmate, fruit ou régime. Les espèces pouvant donner lieu à des pullulations occasionnelles ne sont pas présentées. Dans la plupart des cas, il s'agit de chenilles défoliatrices pour lesquelles les méthodes de lutte utilisées pour les autres espèces conviennent parfaitement (voir planches 19 à 29).

Les très nombreux parasitoïdes et prédateurs de ces ravageurs ne sont répertoriés dans les méthodes de lutte que s'ils ont une efficacité reconnue. Leur rôle est essentiel pour le contrôle naturel des populations de ravageurs ; ainsi, l'utilisation d'insecticides de synthèse ne doit être retenue qu'en cas de stricte nécessité pendant une période limitée et sur la surface la plus réduite possible. Leur grande nocivité sur la faune associée, sur l'environnement, voire sur l'homme, est reconnue. L'utilisation inconsidérée de ces pesticides pourra provoquer de graves déséquilibres aboutissant à des pullulations répétées de ces ravageurs, à la destruction de l'entomofaune bénéfique dont les insectes pollinisateurs, et même à créer des phénomènes d'accoutumance ou de résistance (planches 28 et 29, photos haut).

Différents modes d'application des pesticides sont pratiqués en fonction du stade de culture, du terrain et de la superficie à traiter : petits appareils à dos, atomiseurs portés ou tractés, injections dans le stipe, appareils tractés, thermo-nébulisation et en dernier ressort, les traitements aériens (voir chapitre 14 pour les précautions à prendre).

L'utilisation de toute nouvelle molécule ou formulation devra faire l'objet d'une expérimentation afin d'en valider les conditions d'utilisation (phytotoxicité directe ou indirecte, efficacité, effet sur l'environnement, les personnels, etc.).

▮ Vertébrés

Un certain nombre de vertébrés peuvent occasionner quelques dégâts qui affectent toutes les parties du palmier : collets, flèches, jeunes feuilles, racines et plantes entières pour les jeunes plants, folioles, fruits et racines pour les arbres plus âgés. Dans la plupart des cas, les dégâts sont de nature anecdotique.

Collet des jeunes arbres jusqu'à trois ans

Ces attaques peuvent être très dangereuses car après les bases pétiolaires, la zone proche du cœur peut être atteinte. Elles sont le fait de petits rongeurs. Si elles sont répétées, elles peuvent entraîner un retard de croissance important, la mort du plant et ainsi devenir la porte d'entrée pour d'autres ravageurs attirés par les blessures.

Les rongeurs concernés sont les suivants : en Afrique, l'aulacode *Thryonomys swinderianus* improprement appelé « Agouti », et plusieurs espèces de rats comme *Dasymys* sp. ou *Lemniscomis* sp., en Asie du Sud-Est, les porcs-épics *Hystrix brachyura*, *Thecurus crassispinis* et *Trichis lipura* ou des rats tels que *Rattus argentiventer*, *Rattus tiomanicus*, *Rattus exulans*, etc.

Une lutte intégrée fondée sur un bon entretien des abords des palmiers et la protection de prédateurs tels que les serpents Elapidae (Cobras, *Naja* sp.) ou Boidae *(Python* sp., serpent boa)*, les grands Varanidae *(Varanus salvator)*, les rapaces nocturnes *(Tito alba)*, les petits félidés *(Felis bengalensis)* voire les chats harets, est en général suffisante. En dernier recours, l'application limitée d'appâts empoisonnés à base de bromadiolone après recensement et cartographie des attaques peut être effectuée.

Flèches et jeunes feuilles écartées

Ces dégâts sont dus aux grands primates (Indonésie et Afrique centrale) qui sont présents dans les forêts environnantes, *Pan troglodytes* (chimpanzés), *Pongo pygmaeus* (orang-outangs) ou *Gorilla gorilla* (surtout les gorilles de forêts) ou qui ont colonisé les vieilles plantations, *Macaca* sp. (macaques). La plupart des espèces citées, si elles ne sont pas protégées, sont souvent en voie de disparition dans les zones concernées. Les dégâts sont toujours exceptionnels et n'ont que peu d'incidence économique. Ces primates ont toujours beaucoup de difficulté à se maintenir dans les palmeraies car les ressources alimentaires offertes sont peu diversifiées et ne leur conviennent que partiellement. Il est recommandé de les protéger le plus efficacement possible.

Jeunes plants arrachés et presque entièrement consommés

Ces attaques sont relativement rares. Elles sont parfois accompagnées par la disparition de larges plages de plantes de couverture. Elles sont le fait d'*Elephas maximus* en Afrique et d'*Elephas elephas* en Asie du Sud-Est. Elles peuvent devenir plus fréquentes lorsque l'espace agricole vient empiéter trop fortement sur l'espace vital ou les routes de migration de ces deux grandes espèces.

La réservation de couloirs de transit dans lesquels on maintient une ressource alimentaire prisée par ces animaux et la mise en place de défenses électriques ou de fossés restent les seules solutions pour tenter de contenir ces animaux le plus souvent protégés.

Jeunes plants déterrés

Si le sol aux alentours est bouleversé, ces dégâts sont dus aux cochons sauvages *Sus scrofa* et *Sus barbatus* (Bornéo et Sumatra) qui fouillent le sol frais à la recherche de racines ou de larves. Ils peuvent aussi consommer des fruits détachés.

La pose de piège et de solides défenses en bambou autour de chaque jeune palmier sont la principale possibilité. Le plus souvent, la chasse n'est efficace que là où la consommation de la viande de suidés ne subit pas d'interdits religieux ou coutumiers.

Jeunes fruits ou fruits immatures

Les jeunes fruits sont partiellement consommés ou simplement décalottés. Ce type de dommage est provoqué par des singes qui ont appris à s'en nourrir et qui en sont friands. Comme ils se déplacent en troupe

assez nombreuse, les dégâts peuvent sembler importants. En Asie du Sud-Est, ils sont surtout le fait de macaques *(Macaca fascicularis, Macaca nemestrina* ou *Macaca nigra)*.

Fruits mûrs détachés ou non

Ces dégâts sont anecdotiques lorsque la récolte est bien organisée et le nombre de tours fréquents, mais des problèmes sérieux peuvent apparaître localement. Les animaux concernés peuvent être inféodés au palmier comme le vautour palmiste *(Gypohierax angloensis)* et l'écureuil palmiste *(Epixerus ebii)* en Afrique. Ils peuvent être présents dans la zone et se sont adaptés au palmier à huile comme les perroquets et lorikeets *(Psittacula longicauda, Psittinus cyanurus, Loriculus galgulus)*, l'étourneau des Philippines *(Aplonis panayensis)*, le mainate commun *(Acridoteres tristis)*, les tourterelles *(Streptopelia tranquebarica, Streptopelia chinensis* et *Geopelia striata)* et les écureuils *(Callosciurus* sp.) en Asie du Sud-Est.

D'autres ont pu migrer depuis les abattoirs et les décharges publiques vers des plantations proches avant de coloniser d'autres plantations. C'est le cas du vautour noir *(Carapygus atratus)* en Colombie, au Brésil et au Honduras, du corbeau des maisons *(Corvus splendens)*, de la corneille à large bec *(Corvus macrorhyncos)* en Asie du Sud-Est et du corbeau-pie *(Corvus alba)* en Afrique de l'Ouest.

D'une façon générale, les dommages causés aux fruits au sol sont dus aux rats et à certaines espèces d'oiseaux. Les dommages causés aux fruits dans la couronne sont plus le fait d'écureuils comme d'oiseaux. Si les fibres de la pulpe restent pratiquement intactes, le dommage est provoqué par des oiseaux.

Racines coupées et rongées

En Afrique de l'Est, si de nombreuses galeries de 10 cm de diamètre sont présentes à une profondeur de près d'un mètre, elles sont le signe de la présence de rats-taupes ou rats fouisseurs *(Tachyoryctes* sp.). Ces animaux s'attaquent aux racines du palmier. Ils s'attaquent aussi aux tubercules et aux racines des plantes cultivées. La lutte se fait par piégeage ou par appâts empoisonnés.

Tableau 10.2. Les insectes ravageurs du palmier à huile.

Organe attaqué	Agent causal		Particularité	Zone géographique
Foliole	Nombreuses chenilles de **Lépidoptères** Zygaenoidea, Limacodidae	*Latoia* spp. (voir planche 24)	Chenilles vivement colorées et fortement urticantes	Afrique de l'Ouest
		Setothosea asigna, Setora nitens, Thosea spp., *Darna* spp. (voir planches 19, 20)		Indonésie
		Sibine spp., *Episibine* spp., *Euprosterna eleasa, Euprosterna copula, Euclea diversa* (voir planche 26)		Amérique latine
	Lépidoptères Tineoidea, Psychidae	*Mahasena corbetti, Metisa plana* (voir planche 20)	Chenilles et femelles vivant dans des fourreaux constitués de débris foliaires agglomérés. La chenille se déplace avec son fourreau	Malaisie, Indonésie
		Oiketicus kirbyi		Amérique latine
	Lépidoptères Gelechioidea, Stenomatinae	*Stenoma cecropia* (voir planche 27)	Chenille vivant dans son fourreau incurvé. Les deux sexes sont ailés	Colombie, Équateur
		Loxotoma elegans		Amazonie
	Lépidoptères Hesperioidea, Hesperiidae	*Pteroteinon laufella*	Chenille jusqu'à 5 cm de long, vivant isolée à l'abri d'un cornet (bords de la foliole réunis par un fil de soie)	Afrique de l'Ouest
		Zophopetes cerymica	La chenille porte une capsule céphalique entièrement jaune	Afrique de l'Ouest
	Lépidoptères Papilionoidea, Brassolidae	*Brassolis sophorae, Brassolis opsiphanes*	Chenille jusqu'à 8 cm de long, vivant en colonies dans des nids formés de folioles réunis par des fils de soie. Nocturne	Amérique latine

Symptôme, dégât	Méthode de lutte
Défoliation plus ou moins complète des folioles pouvant atteindre près de 100 % ne laissant que la nervure centrale La palme présente un aspect en arête de poisson. Réduction significative de la photosynthèse	Seuil critique : 10 à 50 chenilles par feuille selon la taille de la chenille Lutte biologique : utilisation de virus spécifiques du commerce ou provenant de chenilles malades (toutes espèces). Vérifier la présence de champignons (par exemple, Cordiceps sur *Setothosea* spp., *Paecilomyces farinosus* sur *Euclea diversa*). Traitement sur stades larvaires : *Bacillus thuringiensis, Beauveria biassana* Lutte chimique : Cyperméthrine, Alpha-cyperméthrine, Lambda-cyhalothrine, Acephate/ Methamidophos (permis nécessaire en Malaisie), Trichlorphon Lutte intégrée : pièges à phéromones *(Metisa plana)*
Défoliation plus ou moins complète des folioles pouvant atteindre près de 100 % La palme présente alors un aspect en arête de poisson. Réduction significative de la photosynthèse	Lutte chimique : Trichlorphon. En cas de forte pullulation sur une aire limitée, absorption racinaire recommandée Lutte biologique : avec les parasites : *Rhysipolis* sp. sur *Stenoma cecropia* , *Trichogramma* sp. sur *Loxotoma. elegans*
Défoliation plus ou moins complète des folioles pouvant atteindre près de 100 % La palme présente alors un aspect en arête de poisson Réduction significative de la photosynthèse	Seuil critique : 20 chenilles par feuille Lutte biologique : *Paecilomyces* sp. (champignon) Lutte chimique : Carbaryl
Défoliation plus fréquente en jeunes cultures	
Défoliation plus ou moins complète des folioles pouvant atteindre près de 100 % La palme présente alors un aspect en arête de poisson Réduction significative de la photosynthèse	Seuil critique : 5 à 10 chenilles par feuilles Lutte biologique : *Beauveria bassiana, Bacillus thuringiensis* Lutte intégrée : récolte et destruction des nids. Piègeage des adultes

Tableau 10.2. Les insectes ravageurs du palmier à huile. *suite*

Organe attaqué	Agent causal		Particularité	Zone géographique
Foliole	**Coléoptères** Chrysomelidae, Hispinae	*Coelaenomenodera lameensis*	Larves jusqu'à 6,5 mm, aplaties dorso-ventralement	Afrique de l'Ouest, Cameroun
		Coelaenomenodera minuta	Cycle larvaire et nymphose dans la galerie	Afrique de l'Ouest, Cameroun
		Hispoleptis subfasciata	Adultes sur la face inférieure des feuilles où ils creusent des petits sillons	Équateur, Colombie
		Alurnus humeralis	Larve de 40 mm aplatie et trapue Adulte de 358 mm à tête noire, prothorax rouge et élytres jaunes verdâtre avec 2 taches noires	Équateur, Colombie
	Coléoptères Chrysomelidae, Cassidinae	*Spathiella tristis*	Adulte presque hémisphérique vivant sous un abri fait d'excréments	Amazonie équatorienne
	Orthoptères Acridoidea, Acrididae	*Valanga nigricornis*		Malaisie, Indonésie
		Zonocerus variegatus	Jeunes stades en colonies Se développe abondamment sur les touffes de *Chromolaena odorata*	Afrique de l'Ouest
	Orthoptères Tettigonioidea, Tettigoniidae	*Sexava coriacea, Segestes decoratus*	Antennes 2 fois plus longues que le corps, long ovipositeur recourbé Très polyphage	Îles Moluques, Papouasie Nouvelle-Guinée

Symptôme, dégât	Méthode de lutte
Épiderme supérieur des folioles boursouflé et desséché, galeries entre les deux épidermes	Seuil critique : 100 larves par feuilles Lutte chimique : Thiocyclamhydrogénoxalate sur adultes, 2 traitements aériens espacés de 3 semaines ou 1 traitement par voie terrestre (15 jours après la sortie des premiers adultes) Proxopur ou Lambda-cyhalotrine, 3 traitements espacés de 15 jours. Absorption racinaire possible
Destruction du parenchyme des flèches et des jeunes feuilles	Seuil critique : 30 à 40 larves par feuilles Lutte chimique : Endosulfan ou dioxacarbe en pulvérisation sur les flèches ou les jeunes feuilles
Face inférieure des folioles décapées	Seuil critique : 50 adultes par feuilles Lutte chimique : absorption radiculaire ou pulvérisation de Carbaryl
Découpe de grands morceaux de folioles, parfois en leur milieu	Lutte chimique : Deltaméthrine, Cyperméthrine, Alpha-cyperméthrine, Lambda-cyhalothrine en pulvérisation incluant la végétation environnante
Face supérieure des folioles décapées puis toute l'épaisseur de la foliole est découpée	
Défoliation importante et rapide sur de grandes surfaces, attaque parfois les inflorescences	Lutte chimique : Methamidophos en injection Lutte biologique : *Stichotrema dallatorreanum*, gregarines

Tableau 10.2. Les insectes ravageurs du palmier à huile. *suite*

Organe attaqué	Agent causal		Particularité	Zone géographique
Foliole	**Hyménoptères** Formicidae	*Atta cephalotes*	Les fourmis ouvrières utilisent les feuilles de nombreux végétaux pour fabriquer des meules à champignons dans leurs nids	Amérique latine
	Hémiptères Heteroptera, Tingidae	*Leptopharsa gibbicarina*		Amérique latine
	Acariens Eriophyidae	*Retracrus elaeis* (voir planche 27)		Colombie
	Acariens Tetranychidae	*Eutetranychus, Tetranychus, Oligonychus*		Dispersion mondiale avec 1 ou 2 espèces présentes en même temps
Flèche	**Coléoptères** Scarabaeidae, Dynastinae	*Oryctes rhinoceros* (voir planches 21, 22, 29)		Asie et Pacifique
		Oryctes monoceros		Afrique
		Scapanes australis		Pacifique Sud Papouasie Nouvelle-Guinée, Îles Salomon
Pétiole	**Coléoptères** Scarabaeidae, Dynastinae	*Xylotrupes gideon*		Asie du Sud-Est

Symptôme, dégât	Méthode de lutte
Découpures caractéristiques des folioles en demi-lune	Lutte intégrée : Appâts spécifiques pour fourmis. Destruction des nids. Nébulisation de gazole dans les trous d'entrée
Légères décolorations du feuillage et surtout développement important de champignons foliaires du genre *Pestalotiopsis* sp. entraînant un dessèchement précoce des folioles	Seuil critique : 50 à 100 adultes par feuille Lutte biologique : *Beauvaria bassiana* et *Sporothris insectorum* Lutte chimique : Chlordimeforme ou Endosulfan
Taches graisseuses sur les folioles prenant une couleur orangé intense. Populations, prenant l'aspect d'une poudre blanche, situées sur la face inférieure des feuilles	Seuil critique : 15 taches par feuilles Lutte chimique : acaricides à base de soufre
Mouchetures et décoloration jaunâtre des folioles pouvant aller jusqu'à une couleur bronze généralisée des folioles atteintes Adultes de couleur rouge présent sur la face inférieure des feuilles des plants de pépinière Favorisé par le stress hydrique	Lutte préventive : améliorer l'irrigation en pépinière Lutte chimique : acaricides à base de soufre
Galeries descendantes dans les flèches. Découpures en arête de poisson à l'ouverture des feuilles. Galeries transversales dans les rachis. Gîtes larvaires constitués de bois pourris, compost ou stipes en décomposition. Dégâts occasionnés par les adultes aux premières heures de la nuit Sur arbres jeunes, l'adulte peut atteindre le bourgeon et tuer l'arbre	Lutte préventive : destruction des stipes de palmiers morts ; élimination des gîtes larvaires avant replantation ; découpe des stipes en chips lors de la replantation ; collecte et destruction des larves Lutte biologique : pièges à phéromones ; *Baculovirus oryctes (Oryctes)* ; *Metarrhizium anisophiae (Oryctes)* Lutte chimique raisonnée : après recensement mensuel et cartographie : Alpha-cyperméthrine et Lambda-cyhalothrine en alternance tout les 10 jours sur les flèches si plus de 4 % d'attaques fraîches par interligne
Galeries dans le pétiole des feuilles ou le rachis des régimes sur jeunes adultes	cf. attaque sur flèche

Tableau 10.2. Les insectes ravageurs du palmier à huile. *suite*

Organe attaqué	Agent causal		Particularité	Zone géographique
Pétiole	**Coléoptères** Curculionidae, Rhyncophorinae	*Temnoschoita quadripustulata,, Metamasius* sp.		Afrique de l'Ouest, Afrique centrale, Amérique latine
Stipe	**Coléoptères** Scarabaeidae, Dynastinae	*Strategus alocus*		Amérique latine
	Coléoptères Curculionidae, Rhyncophorinae	*Rhyncophorus palmarum* (cf anneau rouge)		Amérique latine, Caraïbes
		Rhyncophorus phoenicis		Afrique
		Rhyncophorus vulneratus		Indonésie
		Rhyncophorus ferrugineus		Inde, Papouasie Nouvelle-Guinée, Philippines
Racines	**Lépidoptères** Yponomeutoidea, Glyphipterigidae	*Sagalassa valida*		Amérique latine
	Lépidoptères Pyraloidea ; Pyralidae	*Sufetula diminutalis* (voir planche 23)		Amérique latine
		Sufetula nigrescens		Afrique de l'Ouest
		Sufetula sunidesalis, Sufetula sp.		Asie du Sud-Est
	Coléoptères Galerucinae	*Monolepta marica*	L'adulte dépose ses œufs à la surface du sol	Afrique de l'Ouest

Symptôme, dégât	Méthode de lutte
Petits «vers» blancs dans les bulbes et les bases pétiolaires des plants de pépinière et en première année. Pontes faisant suite à des blessures	Éviter les blessures. Détruire les plants attaqués. Traiter avec un insecticide systémique les autres plants
Galeries au pied des arbres remontant vers le méristème. Peut être mortel sur des arbres jusqu'à 2 ans. Plusieurs adultes peuvent être observés sur le même arbre	Lutte préventive : voir *Oryctes* Lutte chimique : Chlorpyriphos éthyl en poudre au pied des palmiers ou en injection
Gros «vers» blancs dans les tissus vivants des palmiers blessés. La ponte se fait à l'occasion de plaies occasionnées par d'autres insectes, d'autres ravageurs ou des pratiques culturales inappropriées	Lutte intégrée : élimination des causes de blessures. Piégeage par phéromone et tissus frais. Destruction des arbres atteints
Galeries dans les racines tertiaires puis secondaires et primaires laissant le cortex intact. Dégâts provoqués par les chenilles en bordure de plantation	Seuil critique : 10 à 15 % des palmiers de bordure attaqués Lutte préventive : éliminer les palmacées du genre *Bactris* de la bordure des plantations Lutte chimique : Endosulfan
Galeries larvaires dans les extrémités des racines poussant au niveau du sol. Peu dangereux sur sols minéraux. Pullulations dangereuses possible sur tourbes peu compactes dans lesquelles les larves peuvent se déplacer facilement	Lutte préventive : maintenir la plantation très propre, buttage de la base des stipes Lutte chimique : Lambda-cyhalothrine ou Alpha-cyperméthrine
Galeries larvaires des premiers stades dans les racines d'ordre III et IV. Fin du développement dans les racines primaires	Lutte préventive : maintien de la plantation très propre Lutte chimique : Lambda-cyhalothrine ou Alpha-cyperméthrine

Tableau 10.2. Les insectes ravageurs du palmier à huile. *suite*

Organe attaqué	Agent causal		Particularité	Zone géographique
Racines	**Lépidoptères** Pyraloidea, Pyralidae	*Elaeidiphilos adustalis*		Afrique de l'Ouest
Jeunes fruits	**Coléoptères** Curculionidae, Derelominae	*Prosoestus sculptilis*		Afrique de l'Ouest
	Lépidoptères Pyraloidea, Pyralidae :	*Tirathaba rufivena*		Indonésie, Malaisie
Régimes	**Lépidoptères** Sesioidea, Castniidae	*Castnia daedalus*		Amérique latine
	Coléoptères Scarabaeidae, Dynastinae	*Xylotrupes gideon*		Asie du Sud-Est

Symptôme, dégât	Méthode de lutte
Stigmates des fleurs femelles rongés par des chenilles. Présence de toile couvrant tout ou partie de l'inflorescence femelle	Lutte chimique : si pollinisation assistée, mélanger de la Deltaméthrine avec le talc et le pollen
Galerie larvaire circulaire dans le corps du gynécée ou le jeune fruit. Provoque l'avortement du fruit	Lutte chimique : si pollinisation assistée, mélanger de la Deltaméthrine avec le talc et le pollen
Jeunes fruits attaqués par les chenilles. Présence de sécrétions et d'excréments des chenilles ainsi que de débris végétaux caractéristiques à la surface du régime. Activité nocturne. Fréquent sur cultures entrant en production	Lutte préventive : tenir les couronnes très propres à l'entrée en production. Nombreux ennemis naturels suivant les régions Lutte chimique : éventuellement, Lambda-cyhalothrine ou Alpha-cyperméthrine
Galeries dans les régimes et la périphérie du stipe dues aux chenilles. Papillon crépusculaire	Lutte préventive : maintien des couronnes très propres Lutte chimique : Trichlorfon
Galeries dans le pétiole des feuilles ou le rachis des régimes sur jeunes adultes	Lutte chimique : Alpha-cyperméthrine et Lambda-cyhalothrine en alternance tout les 10 jours sur les flèches si plus de 4 % d'attaques fraîches par interligne

11. La palmeraie et son environnement

À de nombreuses reprises dans les chapitres précédents, les impacts de la création d'une palmeraie ou de la culture du palmier à huile ont été mentionnés. Ce chapitre présente les recommandations permettant de minimiser les impacts négatifs de la culture du palmier à huile sur l'environnement.

Les impacts sur la biodiversité végétale et animale, la qualité et la fertilité des sols ainsi que la qualité des eaux de surface et les nappes aquifères seront particulièrement envisagés.

Biodiversité végétale et animale

Il n'échappe à personne que la transformation d'une forêt même dégradée en terrain agricole est une sorte de cataclysme pour toutes les espèces végétales et animales qui y étaient implantées. Le milieu est radicalement transformé puisque tout le couvert végétal est détruit puis est remplacé par un couvert végétal dominé par une plante cultivée, ici pérenne, le palmier à huile. Pendant la période immature de la palmeraie, le sol est entièrement couvert par une légumineuse. Puis, au fur et à mesure que la palmeraie prend de l'âge, un nouvel équilibre floristique et faunistique s'installe à l'ombre des palmiers. Cet équilibre sera dominé par deux composantes essentielles : la palmeraie peut s'étendre sur un continuum parfois considérable de plusieurs milliers d'hectares et le milieu subit très fortement l'impact anthropique. L'équilibre sera à nouveau transformé, mais à une échelle moindre, lors des opérations de replantation.

En ce qui concerne la biodiversité végétale, la strate arborescente disparaît totalement et seules les strates buissonnantes, herbacées et cryptogamiques peuvent se maintenir pour autant qu'elles n'entrent pas en compétition avec la palmeraie. Par ailleurs, le milieu très spécifique de la palmeraie et les effets de lisière, créés par les pistes et les sentiers d'accès aux arbres, permettront à des espèces invasives de pénétrer dans les blocs et de dominer les espèces autochtones, fragilisées par le changement d'usage et un micro-environnement différent. L'action de l'homme notamment lors de l'entretien des interlignes et des ronds aura également un impact certain : l'usage répété d'herbicides, des cycles de sarclage et rabattage trop fréquents privilégieront des espèces végétales à cycle de reproduction court, à reproduction végétative ou à développement rhizomateux.

La forte densité de palmiers dans une plantation peut favoriser le développement d'une strate cryptogamique pathogène à base de *Fusarium oxysporum* var. *elaeidis* (Afrique et Amérique latine) ou de *Ganoderma boninense* (Afrique centrale, Asie du Sud-Est, Amérique latine) provoquant respectivement la fusariose et la pourriture basale du stipe. Le contrôle de ces deux maladies nécessite la mise en place de techniques culturales lourdes, aussi bien pendant la période d'exploitation que lors de la replantation et l'utilisation d'un matériel végétal tolérant que tous les producteurs de semences ne sont pas capables de fournir.

En ce qui concerne la biodiversité animale, comme cela a été souligné au début de cet ouvrage, l'essentiel de la palmeraie commerciale se situe en dehors de l'aire d'expansion naturelle du palmier à huile. Ainsi, les espèces animales inféodées à *Elaeis guineensis* n'ont pas suivi l'expansion à l'exception notable d'un des insectes pollinisateurs, *Elaeidobius kamerunicus,* qui a été introduit par l'homme sur tous les continents où le palmier à huile a été planté (planche 30). Même en Afrique, la palmeraie commerciale ne peut pas reproduire la biocénose spécifique des palmeraies naturelles, ce qui fait qu'elle peut subir des pullulations de ravageurs tels que *Coelaenomenodera* sp (planches 24 et 25).

Sur les autres continents, seules les espèces autochtones omnivores, ubiquistes voire opportunistes survivront aisément dans une situation d'offre alimentaire restreinte. D'une façon générale, les mammifères supportent mal la présence répétée de l'homme dans les palmeraies. Par exemple, les populations de macaques peuvent se maintenir voire se développer dans les palmeraies commerciales en devenant peu ou prou commensaux pour compléter leur alimentation. *A contrario*, les orang-outangs sont absolument incapables de survivre dans une palmeraie en raison d'une offre alimentaire spécifique réduite à néant et de leur grande distance de fuite.

Les espèces inféodées à des palmacées autochtones peuvent aussi migrer vers les palmeraies commerciales. Dans bien des cas, elles deviendront des ravageurs de leur nouvel hôte car les populations de parasites ou de prédateurs qui les contrôlaient dans leur ancienne biocénose n'ont pas toujours suivi. Cela a bien été montré dans le chapitre 10.

Même si très peu d'études ont été faites pour comparer la biodiversité des forêts même dégradées à celle des palmeraies commerciales ou villageoises, il est admis que la biodiversité baisse de 40 à 90 % lors de la conversion d'une forêt en palmeraie. En ce qui concerne les espèces animales, les premières à disparaître sont liées à la canopée. Ensuite, les espèces vivant au sol se retrouvent rapidement en compétition avec d'autres espèces venant des espaces ouverts environnants.

Néanmoins, le maintien d'une bonne biodiversité est un atout indispensable pour une gestion efficace des ravageurs. La transformation de tous les îlots de faible fertilité élaeicole en réserve contrôlée permettra de maintenir une biodiversité végétale à un haut niveau et donc une bonne offre alimentaire et de bons refuges aux parasites et prédateurs utiles. Ainsi, il sera possible de maintenir une biodiversité animale et végétale utile au meilleur niveau possible. Ces îlots, les bords de rivières ou les zones forestières à haute valeur conservative participeront aussi à la protection de certaines espèces menacées.

Comparé aux agro-écosystèmes des monocultures modernes de plantes annuelles et des vergers, globalement, l'agro-écosystème des plantations de palmier à huile, à l'instar des autres agro-écosystèmes de plantes pérennes, ne se classe pas si mal. Le tableau 11.1 résume le gradient hypothétique de biodiversité dans différents types d'agro-écosystèmes.

Tableau 11.1. Gradient hypothétique de biodiversité (adapté de Altieri, 1991). Classement selon un gradient de biodiversité décroissante.

Plantes pérennes	Jardins tropicaux	
	Agroforesterie	À plusieurs étages de végétation
		À un seul étage de végétation
	Plantation	Couvert continu
		Monoculture
	Verger	Couvert continu
		Monoculture
Plantes annuelles	Cultures mélangées	Cultures intercalaires
		Cultures en relais
		Cultures en bandes séparées
	Rotation de cultures	Basées sur des légumineuses
		Basées sur des non-légumineuses
	Monoculture	Céréales
		Cultures sarclées
		Cultures légumières

Enfin, lorsque le recours aux pesticides d'origine chimique apparaît nécessaire, le planteur doit impérativement réduire ou stopper l'utilisation des produits phytosanitaires enregistrés ou en cours d'enregistrement par les accords internationaux et institutions suivantes :
– Annexes A et B de la Convention de Stockholm (POPS) (http://chm.pops.int) ;
– Annexe III de la Convention de Rotterdam (PIC) (http://www.pic.int) ;
– les produits des classes 1A (extrêmement dangereux) et 1B (très dangereux) par l'Organisation mondiale de la santé.

Les produits pesticides concernés par les conventions de Stockholm et de Rotterdam sont les suivants (mise à jour en septembre 2011) :
– Alachlore, herbicide de pré-levée également connu sous le nom de métachlore, interdit en UE depuis 2006 ;
– Aldicarbe, insecticide-nématicide systémique, très toxique, inscrit en annexe III du PIC depuis avril 2011, interdit en UE,
– Aldrine, insecticide interdit pour tous usages en 1987 ;
– Azinphos-methyl, insecticide, très dangereux pour l'entomofaune auxiliaire, les poissons, le gibier et les abeilles, extrêmement toxique, interdit en UE depuis 2006 ;
– Chlordecone, insecticide, dangereux pour les poissons, modérément toxique, inscrit à l'annexe A POPS depuis avril 2011 ;
– Chlordane, insecticide interdit en agriculture depuis 1972 ;
– DDT, insecticide interdit pour tous usages agricoles ;
– Dieldrine, insecticide interdit en usage agricole depuis 1972 ;
– Endosulfan, insecticide, très dangereux pour les poissons et le gibier et moyennement dangereux pour l'entomofaune auxiliaire, très toxique, inscrit à l'annexe A POPS depuis avril 2011 ;
– Endrine, insecticide interdit pour tous usages en 1987 ;
– Heptachlore, insecticide interdit en usage agricole depuis 1972 ;
– Alpha-hexachlorocyclohexane et beta-hexachlorocyclohexane ou α-HCH et β-HCH, insecticides interdits pour tous usages agricoles depuis la fin des années 1970 ;
– Lindane, insecticide très persistant dans le sol, dangereux pour certains arthropodes auxiliaires, les abeilles et les poissons, modérément toxique, sous POPS depuis 2009 ;
– Mirex, insecticide interdit pour tous usages depuis 1978 ;
– Toxaphène, insecticide très volatile, sous POPS depuis 2006.

Enfin, le Forum international sur la sécurité chimique (IFCS) recommande une restriction des disponibilités des pesticides non listés ou de classe 2 lorsqu'ils sont associés à des intoxications fréquentes et graves.

Qualité et fertilité des sols

Le maintien de la qualité et de la fertilité des sols sur lesquels sont installées les palmeraies est un facteur clef d'un développement durable de cette culture. Il est peut-être plus important que la question du changement climatique, car, à son échelle, le planteur peut agir aisément.

Toutes les bonnes pratiques ont déjà été citées dans les chapitres précédents. Mais, il est bon de préciser ici les risques encourus par des itinéraires techniques inadéquats. Quatre risques majeurs sont reconnus : l'érosion, la perte de matière organique, la compaction et la dégradation de la fertilité chimique.

▌▶ Érosion

La cause première de l'érosion est la mise en culture de terrains originellement couverts par une végétation naturelle. Cela entraîne la perte de la partie la plus superficielle du sol. C'est le cas lors de la conversion d'un paysage naturel en plantation de palmier à huile. Bien que la palmeraie ne puisse pas être considérée comme un couvert végétal naturel, son caractère pérenne fait que lors de la replantation, le même phénomène peut se reproduire.

Sous les climats tropicaux humides, c'est l'action de l'eau qui prime comme facteur d'érosion. Par conséquent, toutes les opérations liées à la mise en culture dans un programme d'extension ou de replantation doivent veiller à minimiser la durée de la période où le sol est mis à nu. En effet, sous l'effet du soleil, la couche humifère sèche rapidement, se fragmente et peut se trouver rapidement entraînée par les pluies.

L'intensité et la fréquence des pluies sont aussi des facteurs à prendre en compte pour minimiser l'effet de la mise en culture. Des pluies de plus de 50 mm voire de 100 mm par jour sont très fréquentes sous les tropiques. Cela représente 50 à 100 litres par m^2 soit 500 à 1 000 tonnes d'eau par hectare. Les intensités instantanées peuvent être considérables puisque ces pluies sont souvent de type orageux avec des gouttes d'un diamètre supérieur au millimètre. La vitesse avec laquelle ces gouttes frappent le sol est supérieure à 15 km/heure. Leur effet est donc ravageur sur la couche du sol non protégée par la végétation. Il convient donc de limiter au maximum les surfaces de sol non couvertes même si les ronds et les sentiers sont indispensables au bon fonctionnement de la plantation : les mesures *ad hoc* pour limiter l'érosion dans ces zones doivent être prises.

Sous plantation adulte, l'effet gouttière provoqué par l'architecture rayonnante du palmier à huile peut entraîner également une répartition très inégale des écoulements de l'eau de pluie et provoquer deux types d'érosion très reconnaissables : un décapage en étoile du sol suivant la répartition spatiale du feuillage d'une part, un déchaussement de l'arbre par la création de rigoles au niveau de son collet ou de sa base d'autre part.

Outre l'érosion évidente sur les terrains en pente, des effets d'érosion en nappe peuvent être aussi très importants sur des sols plats à forte dominante sableuse ou limoneuse. Des exemples de perte de sol de 2 cm par an sont couramment observés. Cela représente plus de 300 tonnes d'horizon superficiel par hectare et par an.

Si la conséquence première de l'érosion est la perte de fertilité du sol, la seconde sera la forte augmentation de la turbidité des eaux de ruissellement qui, de proche en proche, contaminent les rivières avec toutes les conséquences que cela peut avoir sur la vie aquatique.

▌ Perte de matière organique

Sous les climats tropicaux, il faut aussi retenir que c'est dans les premiers décimètres, voire dans les premiers centimètres du sol que se trouve l'horizon humifère, qui est le volume le plus fertile du sol. Outre son rôle essentiel dans la capacité d'échange des sols, cet humus est indispensable pour rendre perméable les sols argileux ou limoneux ou, à l'opposé, améliorer la capacité de rétention en eau des sols sableux. Enfin, dans les conditions chaudes et les sols acides qui prévalent sous les tropiques, l'humus tend à se dégrader rapidement. Néanmoins, tout comme sous forêt, les teneurs en azote du sol et en matière organique évoluent peu et se trouvent dans un état proche de l'équilibre.

Par contre, des techniques culturales inadaptées telles que l'utilisation d'herbicides sur de larges plages risquent de mettre à nu cet horizon humifère, de faciliter la dégradation rapide de l'humus et son entraînement par les eaux de pluies.

Il convient aussi de lutter contre les exportations volontaires ou non des pétioles ou des feuilles hors des blocs pour quelque raison que ce soit. En conditions sèches comme au Bénin, ce type d'exportation provoque, en quelques années, un effondrement catastrophique de la fertilité du sol et de la production des palmiers.

En l'absence de matière organique, comme sur des sols totalement limoneux ou argileux (gleys), le palmier se retrouve dans des conditions de culture quasiment hydroponiques. La reconstitution d'un horizon humique, même localisé entre les arbres devient alors une priorité.

Le renouvellement de la matière organique sous palmeraie se fait uniquement par la litière issue de la végétation naturelle qui se maintient sous les arbres, des feuilles coupées lors de la récolte et de l'élagage et du retour des rafles fraîches ou compostées. C'est dans cette masse de matière organique que se concentre l'essentiel des racines absorbantes du palmier. Tout doit donc être mis en œuvre pour favoriser le maintien d'une bonne couche humifère sous les palmiers. La lutte contre l'érosion fait partie de l'ensemble des techniques à mettre en œuvre car c'est cette couche humifère très utile qui sera érodée la première.

Compaction

Un sol compact est un obstacle efficace à sa colonisation par le système racinaire du palmier qui ne peut alors se développer qu'en suivant la macroporosité présente. La compaction d'un sol est liée d'une part à sa porosité et d'autre part à son humidité. La porosité dépend de la composition granulométrique du sol. Plus cette granulométrie est fine, plus le sol pourra facilement se compacter. Ensuite, la perte des fluides contenus dans ce sol, en particulier l'eau, entraînera son affaissement et sa consolidation.

La perte de l'eau du sol peut être due aux effets climatiques notamment lors de saisons sèches amenant le sol sous le point de flétrissement permanent caractérisant un sol ayant perdu toute l'eau exploitable par la plante. La microporosité peut alors se refermer partiellement et ne pas se rouvrir lors du retour des pluies. Ces alternances de périodes très sèches et très humides créeront un horizon relativement compact à faible profondeur limitant *de facto* la réserve exploitable en eau du sol.

Cette perte en eau peut être aussi la conséquence paradoxale du choc des gouttes de pluies sur le sol et provoquer des compactions de surface. C'est le cas des sols battants.

La mécanisation des travaux avec des engins aux pneumatiques inadaptés ayant des pressions par centimètre carré trop élevées ou le piétinement provoqué par une densité excessive de ruminants en pâture créeront aussi une compaction dans les interlignes dégagés.

Enfin, la destruction de la couverture du sol favorise l'évaporation de l'eau contenue dans les premiers centimètres du sol, qui accroît aussi ces phénomènes de compaction.

L'un des moyens les plus efficaces pour lutter contre la compaction sera de maintenir une bonne humidité des horizons de surface grâce à un couvert végétal continu vivant ou mort sur un horizon humique de qualité.

▐ Dégradation de la fertilité chimique

Des cas peu fréquents de dégradation de la fertilité chimique ont été signalés comme l'acidification du sol, notamment dans les cas des sols sulfatés-acides. Mais c'est moins la baisse du pH qui est en cause que la libération d'ions aluminium provoquant une réduction de la croissance racinaire.

De très larges applications d'azote peuvent entraîner sur le long terme une réduction de la disponibilité en potassium et en magnésium et donc une baisse de la production.

Sur sables tertiaires, des applications trop localisées de cendres ou de chlorure de potasse peuvent aussi dégrader le complexe argilo-humique et de la structure du sol en libérant des ions aluminium et fer.

D'une façon générale, une plantation correctement gérée et bien fertilisée ne doit pas présenter de baisse de fertilité chimique.

Qualité des eaux de surface et des nappes aquifères

La qualité des eaux de surface et des nappes aquifères sera le reflet exact de la prise en compte de tous les paramètres techniques concourant à un développement durable du palmier. Pourtant, en général, ce sont les effets primaires sur la production qui sont bien documentés : effets de l'érosion sur la production, de la perte de fertilisant par lessivage ou percolation, etc.

La terre arrachée au sol par des fortes pluies, par exemple, se retrouvera dans les drains puis les rivières et les fleuves. Les acides humiques déstabilisés suivront le même chemin. Si les engrais sont appliqués pendant une période trop pluvieuse ou juste avant une forte pluie, ils

seront lessivés et prendront aussi cette direction. L'eau de pluie elle-même tombant sur un sol nu ou compacté va peu, ou pas, pénétrer dans le sol et le cycle de l'eau en sera accéléré.

Ainsi des signaux d'alerte extrêmement efficaces peuvent être utilisés pour repérer les problèmes existants : la turbidité persistante des eaux des drains et des petites rivières est le signe évident d'une érosion active en amont. De même, la présence d'algues vertes dans l'eau des drains, voire dans les écoulements de surface, est le signe d'une perte significative d'azote et de phosphore par lessivage. La présence d'hydromorphie de surface est la signature d'un sol compact. Une eau de couleur brune indique la forte présence d'acides humiques dissous provenant de la minéralisation excessive des sols très organiques.

D'autres sources de contamination des eaux de surface sont possibles : la plus fréquente est celle qui consiste à laver et à rincer les citernes, bidons et pulvérisateurs ayant servi à l'application de pesticides dans l'eau des drains ou des petites rivières. Cette habitude devrait être proscrite et des aires de lavage devraient être installées dans tous les endroits *ad hoc*. Les eaux de lavages doivent ensuite être dirigées vers des fosses filtrantes.

12. Les huileries

Dans la grande majorité des cas, les plantations commerciales possèdent leur propre huilerie.

Dans le cas d'une création, il est indispensable de préparer le projet d'investissement de façon à être capable de traiter les régimes produits dès l'entrée en récolte, puis de suivre l'augmentation des volumes récoltés.

Concernant les replantations, des simulations doivent permettre de faire évoluer les capacités de traitement avec l'amélioration du potentiel génétique des nouvelles générations, l'amélioration des itinéraires techniques et éventuellement l'évolution des conditions agro-climatiques.

La capacité horaire d'une huilerie doit au moins tenir compte de la production de régimes de fruits espérée du mois de pointe le plus élevé des meilleures années.

La capacité horaire en tonnes de régimes frais par heure (C_h) est estimée par la formule suivante :

$$C_h = PTA_m \times [(PM_m / PTA_m) \times 100] / HT_m.$$

PTA_m représente la production totale annuelle maximum espérée en tonnes, PM_m la production totale maximum du mois de pointe espérée en tonnes et HT_m la durée maximale du temps de travail de l'huilerie pendant la période de pointe.

Il y a lieu également de tenir compte des éléments suivants : sols capables de supporter l'infrastructure, superficie plane suffisante pour stocker une demi-journée de production de régimes et le traitement des effluents, de l'eau propre en abondance ($1\,m^3$ d'eau nécessaire par tonne de régimes frais), y compris en période sèche, un éloignement suffisant des zones d'habitations, une distance raisonnable des plantations et des moyens de communication fluviaux ou terrestres qui permettront l'évacuation de l'huile et des palmistes.

Une attention particulière doit être portée aux possibles instabilités (zones de failles sismiques, zones inondables, sols sans portance, etc.).

Principes de fonctionnement et types d'huileries

Rappel des principes

L'huilerie de palme

L'huilerie regroupe toutes les opérations permettant de fractionner un régime de palme en rafle, fruits, fibres, noix, jus bruts, huile brute, boues, coques, huile finie et amandes.

Une succession de préparation des constituants et de leur transformation se fait par les phases intermédiaires suivantes :
- pesée des régimes ;
- stérilisation des régimes ;
- égrappage ;
- malaxage ;
- extraction ;
- clarification ;
- palmisterie.

Stérilisation des régimes

C'est une opération extrêmement importante. Elle permet de stopper l'activité lipasique dans les fruits, de détacher les fruits de leur loge, d'amollir la pulpe et de la déshydrater partiellement, de séparer légèrement l'amande de la coque et enfin de coaguler les protéines des membranes cellulaires.

Typiquement, cette opération est effectuée sous vapeur saturée à une pression de l'ordre de 3 bars pendant un cycle de 90 minutes à trois purges brutales précédées par une purge lente pendant le remplissage du stérilisateur par la vapeur. La durée du cycle peut varier en fonction du poids moyen des régimes et de leur maturité.

En général, les stérilisateurs sont des cylindres métalliques horizontaux munis d'une ou deux portes. Ils sont équipés de rails permettant d'y accueillir des trains de cages de stérilisation contenant chacune environ 2,5 tonnes de régimes. Certains stérilisateurs peuvent traiter des cages de 10 tonnes de capacité. La capacité de stérilisation conditionne la capacité de l'huilerie, l'égrappage des gros régimes ainsi qu'ultérieurement le niveau des pertes.

Au delà d'une capacité de 20 à 30 tonnes de régimes frais par heure, le processus de fabrication est scindé en deux ou trois chaînes après la stérilisation.

Égrappage

Il sépare les fruits de la rafle (planche 32). Cette opération est effectuée dans une grande cage d'écureuil, le tambour égrappoir, tournant à vitesse réduite. Les régimes y sont entraînés en rotation jusqu'à un point haut et chutent par gravité sur les barres constituant le tambour. Les barres sont légèrement inclinées de façon à entraîner les régimes vers l'avant du tambour. Les régimes font ainsi 6 à 10 chutes avant de sortir du tambour sous forme de rafles dépourvues de leurs fruits. La vitesse de rotation du tambour est de 22 tours par minute. Les fruits traversent le tambour entre les barres et sont collectés par une vis sans fin. Dans certaines usines, les rafles évacuées sont triées pour être éventuellement renvoyées en stérilisation ou dans un égrappoir secondaire voire hachées pour un passage dans une presse spécifique.

Malaxage

Il permet la préparation mécanique et thermique de la masse de fruits pour la phase suivante. Son objectif est de libérer l'huile des cellules qui la contiennent par trituration, d'amener la température du mélange à environ 90 °C et de collecter l'huile déjà libérée.

Cette opération est réalisée dans des cylindres verticaux à double enveloppe de chauffe, équipés d'un système d'injection directe de vapeur et de bras fixes de malaxage. La masse est entraînée par des bras de malaxage fixés sur un axe vertical tournant lentement. Le malaxeur doit être maintenu toujours plein afin d'assurer une alimentation régulière de la presse. La durée et la température de malaxage sont essentielles pour une bonne libération de l'huile. Une température trop froide entraînera une augmentation de la viscosité de l'huile tandis qu'une température trop élevée provoquera la création d'une émulsion eau-huile, toutes deux impropres à une bonne extraction.

Extraction

Elle consiste à séparer les jus contenus dans la masse de fruits malaxés. Cette technologie emploie des presses continues, le plus souvent à double vis. La masse est entraînée par les vis tournant en sens inverse dans une cage perforée. La sortie de la cage est partiellement fermée par un butoir conique réglable qui freine la sortie de la matière. La pression ainsi engendrée à l'intérieur de la cage permet d'extraire un mélange d'huile, d'eau et d'impuretés solides. Les noix des fruits jouent un rôle non négligeable dans la propagation de la pression nécessaire à l'extraction. Les jus bruts sont dilués au niveau de la presse par adjonction d'eau chaude.

En sortie de presse, deux produits sont séparés : le tourteau constitué d'un mélange de fibres et de noix et les jus bruts.

Clarification

Le traitement des jus bruts commence par une clarification. Composés d'environ 35 % d'huile, d'eau et de matières dissoutes ou en suspension, ils doivent être épurés pour en récupérer le maximum d'huile. La clarification se fait par décantation. Ainsi, la température est un des paramètres importants puisqu'il influence la viscosité et la densité de l'huile. L'autre paramètre important est la dilution du jus ; 30 % en volume d'eau est nécessaire. Pour les mêmes raisons que précédemment, il est important de ne pas porter le mélange à ébullition afin d'éviter la formation d'émulsion impossible à décanter.

La décantation statique en continu a fait ses preuves depuis de très nombreuses années. Elle est inégalée en termes de simplicité et de coût dès lors qu'elle est bien réalisée. Elle se fait à une température de 85 à 95 °C. En général, 20 à 25 minutes suffisent. La cuve du décanteur statique contient trois couches de liquide : en partie supérieure, l'huile brute qui a remonté, en couche intermédiaire, le jus brut ou en cours de décantation, en couche inférieure, les impuretés, l'eau, etc. La phase aqueuse décantée contient encore environ 10 % d'huile qui doit être extraite par un passage dans des centrifugeuses éboueuses à deux ou trois phases. L'huile récupérée est renvoyée au tank à jus brut.

Une décantation dynamique par centrifugeuse trois voies proposée par divers constructeurs (Flottweg®, Alpha Laval® ou Westphalia®) est possible. En une seule opération, trois phases sont séparées : une phase légère (huile), une phase aqueuse (eau et matières solubles) et une phase solide (matières en suspension et insolubles). Le procédé est simplifié, les besoins en eau moindres ainsi que la décharge polluante. Mais le coût d'investissement élevé et la relative fragilité des pièces mobiles font qu'elles ne sont pas encore imposées.

Après décantation, l'huile brute obtenue ne peut être stockée ainsi, car elle contient encore de l'eau (0,5 %) et des impuretés. Une centrifugation à haute vitesse permettra sa purification. Grâce à cette opération, l'humidité de l'huile descend à 0,25 % et le taux d'impuretés à un maximum de 0,02 à 0,05 %.

Préparation de l'huile finie, stockage, traitement des résidus

Le stade final de préparation pour obtenir l'huile finie est sa déshydratation, car il faut amener l'humidité de l'huile à un taux inférieur à 0,1 %. Ceci peut être fait après chauffage à une température légèrement supérieure à 100 °C dans un déshydrateur naturel par un passage en couche mince sous ventilation d'air. Les déshydrateurs sous vide, plus répandus et moins risqués quant à une possible oxydation, fonctionnent sous le même principe, mais à une température inférieure.

Enfin, l'huile est stockée dans des tanks chauffés à 45 °C pour éviter toute solidification en attente de son expédition. Dans le cas où il faut reliquéfier l'huile, cette opération doit être conduite précautionneusement afin d'éviter une surchauffe de l'huile autour des tubes chauffants.

Les résidus de pressage contiennent les noix, les fibres, divers débris végétaux, de l'eau ainsi que de l'huile résiduelle ; le tout forme le tourteau de pressage. Afin de permettre le traitement du tourteau, la première opération consiste à l'émietter grâce à un convoyeur muni de palettes, la vis émottoir. Pour éviter le bourrage de la vis, celle-ci est chauffée par de la vapeur contenue dans une double enveloppe afin de réduire l'humidité du tourteau.

Palmisterie, traitement des noix

Après émottage, la séparation des noix du tourteau émietté se fait par voie pneumatique dans une colonne de défibrage. Un fort courant d'air ascendant y circule, entraînant les fibres et les débris végétaux vers le haut, tandis que les noix chutent. Les fibres sont collectées dans un cyclone puis dirigées vers les chaudières.

Tri des noix. Les noix sont recueillies dans un tambour polisseur qui les débarrassent, par frottement, des dernières fibres encore adhérentes. Ces dernières sont aspirées dans la colonne de défibrage. Le tambour polisseur permet aussi le tri des noix en fonction de leur grosseur.

Séchage dans un silo à noix. Les noix sont ensuite séchées dans un ou plusieurs silos à noix dans lesquels circule de l'air chaud à 65 °C. Ce séchage permet la rétractation des amandes afin qu'elles se désolidarisent de leur coque. L'humidité résiduelle requise est de l'ordre de 12 %.

Les noix séchées sont traitées dans des concasseurs rotatifs à barreaux *(Ripple Mill)*. Le plus souvent 2 ou 3 lignes de concasseurs sont utilisées en fonction de la dimension des noix. Chaque ligne de concasseur fonctionne à une vitesse spécifique qui permet d'optimiser les taux de noix non cassées et d'amandes brisées.

En sortie de concassage, le mélange obtenu contient des amandes entières ou brisées et des coques, fibres et adhérents (morceaux de coques adhérant aux amandes ou à des fragments d'amandes). Il faut conduire tout d'abord un dépoussiérage dans un courant d'air ascendant entraînant les particules fines.

Ensuite la séparation des amandes et des coques se fait par séparation densimétrique, soit par hydrocyclonage soit par un bain d'argile ou de sel. Ces systèmes séparent de façon relativement efficace et économique les amandes dont la densité est plus faible que celle des coques.

Les amandes sont ensuite égouttées, stérilisées à la vapeur puis convoyées vers des silos à palmistes pour leur séchage. Les silos sont équipés de radiateurs et de soufflerie. La température maximale ne doit pas excéder 80 °C. L'humidité de conservation requise est de l'ordre de 7 %. Les coques et débris sont dirigés vers les chaudières. Les amandes sèches sont soit commercialisées en l'état soit dirigées vers une huilerie de graine pour l'extraction de l'huile de palmiste.

L'huilerie de graine

Elle est polyvalente. Elle peut être utilisée pour traiter différents types d'amandes : palmistes, coprah, karité, cacao, etc., car les techniques de base sont identiques.

En ce qui concerne les palmistes, un broyage et une cuisson sont nécessaires avant de procéder à l'extraction de l'huile soit par pressage, soit par solvant.

Le broyage a pour finalité de fragmenter les palmistes en petites particules afin de faciliter l'extraction de l'huile. Des broyeurs à rouleaux couplés à une ou plusieurs paires de cylindres cannelés et lisses sont nécessaires pour obtenir une pâte propice au pressage. Le circuit de broyage est protégé en amont par des séparateurs magnétiques.

La cuisson est réalisée dans des chauffoirs verticaux à étages. Elle permet l'éclatement des parois cellulaires de l'amande, la coagulation des protéines et la fluidisation de l'huile. Elle permet en outre l'ajustement de l'humidité de la masse à presser. Celle-ci sort des chauffoirs à une température de 130 °C à 150 °C et avec une humidité de l'ordre de 2 %.

L'extraction de l'huile se fait avec des presses continues à vis fonctionnant sur le même principe que celles qui servent à extraire l'huile de palme. Mais elles fonctionnent à des pressions beaucoup plus élevées. La cage de presse est constituée de barreaux métalliques. L'huile libérée s'écoule entre les barreaux et le tourteau s'échappe par le cône sous la forme d'écailles de 5 à 10 mm d'épaisseur. La teneur en huile résiduelle du tourteau est de 6 à 10 % en pression unique et de 18 à 20 % dans le cas d'un pré-pressage avant extraction par solvant.

L'extraction par solvant se pratique en faisant percoler le plus souvent de l'hexane au travers d'une couche de matière à travailler. Le miscella obtenu est enrichi par réutilisations successives jusqu'à saturation. L'huile du miscella est récupérée par distillation du solvant et l'épuration du tourteau se fait à la vapeur.

L'huile brute est épurée en décantation statique ou par centrifugation. Les particules les plus fines sont éliminées par filtre presse.

Types d'huileries

Huileries artisanales et micro-huileries

Ces unités sont de faible capacité (moins de 500 kg de régimes par heure). Elles sont largement présentes en Afrique de l'Ouest et en Afrique centrale de la Guinée au Cameroun et signalées en Amérique latine. Le processus de transformation fait de plus en plus appel à des appareils simples et robustes dont le fonctionnement et l'entretien sont accessibles à des mécaniciens non spécialisés. Les transferts de charge sont souvent faits à la main. Ces unités sont de plus en plus modernisées : les exploitants peuvent trouver des petits cuiseurs verticaux, des mini-digesteurs, des presses manuelles ou hydrauliques voire des ensembles digesteur presse hydraulique.

Les problèmes techniques majeurs restent le maintien de la masse de fruits à la bonne température pour l'extraction, la clarification de l'huile obtenue d'un côté et la forte consommation de bois de chauffe et le rejet peu contrôlé des effluents de l'autre.

Si les résultats économiques semblent acceptables pour les exploitants, leur accès aux innovations disponibles est limité par leur capacité d'investissement et le coût généralement élevé du crédit.

Mini-huileries

De 500 kg à plusieurs tonnes de régimes par heure, ces unités utilisent la vapeur comme fluide de chauffe. La source d'énergie est constituée par les déchets de fabrication et un groupe électrogène. La chaudière fonctionne à basse pression. Le procédé est relativement proche de celui des unités industrielles. Elles produisent une huile de bonne qualité avec une efficacité satisfaisante.

Une innovation intéressante a été mise au point dans cette gamme par le Cirad et la société Flottweg Gmbh. Le procédé DRUPALM® consiste à extraire en une seule étape l'huile de palme et l'huile de palmiste (figure 12.1). Après l'égrappage et l'épierrage, les fruits ne sont plus digérés mais broyés. La pâte huileuse obtenue est malaxée puis passe dans un décanteur à trois phases. Les phases obtenues sont les suivantes :
– une phase huileuse, 99,5 % d'huile, 0,4 % d'eau et 0,1 % de solides non huileux ;
– une phase aqueuse, 0,5 % d'huile, 96,2 % d'eau et 3,3 % de solides non huileux ;

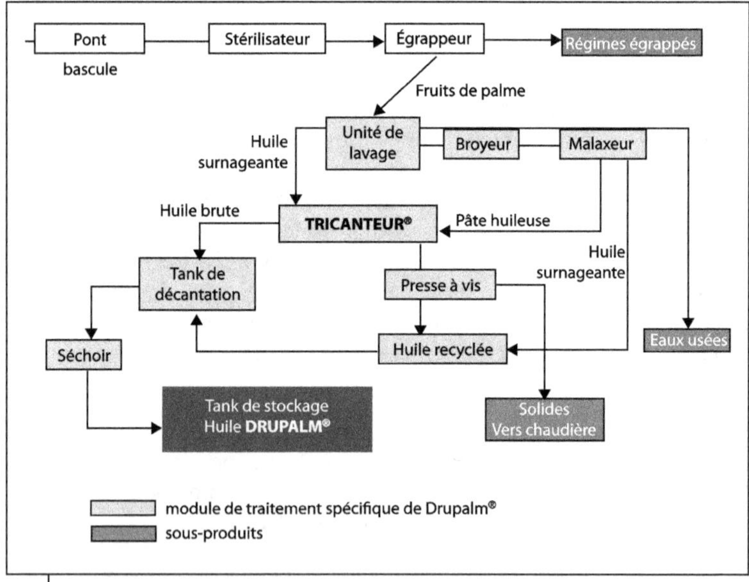

Figure 12.1.
Schéma du procédé DRUPALM®.

– une phase solide, 8,3 % d'huile, 49,3 % d'eau et 42,4 % de solides non huileux.

La phase solide est pressée dans une petite presse à vis hydraulique afin d'accroître le taux total d'extraction.

L'huile produite est de qualité standard et l'efficacité du système d'extraction est optimale. Néanmoins, il faut noter que l'huile obtenue est un mélange d'environ 95 % d'huile de palme et de 5 % d'huile de palmiste.

Cette huile n'a pas encore réellement trouvé sa vraie place dans l'industrie du palmier. À moyen terme, il est possible que devant les problèmes techniques inévitablement posés par la diminution continue du taux de palmiste liée à l'augmentation de la teneur en mésocarpe du fruit de palme des variétés améliorées, les transformateurs préfèreront mélanger les deux types d'huile pour simplifier leur processus d'extraction.

Huileries industrielles

Ces huileries d'une capacité allant de 10 à 80 tonnes de régimes par heure sont de plus en plus sophistiquées même si les principes de base de l'extraction des huiles de palme et de palmiste sont inchangés depuis 50 ans. Elles nécessitent des investissements importants et un personnel peu nombreux, mais qualifié. Les principales innovations de ces dernières années portent sur l'utilisation de stérilisateurs horizontaux à deux portes gérés par des systèmes électroniques, une meilleure récupération de l'huile de palme par l'introduction de décanteurs trois phases sur les phases aqueuses et surtout par une meilleure gestion des effluents solides, liquides et gazeux qui sont la partie vraiment polluante de l'activité.

Les innovations concernant le traitement des effluents sont décrites plus loin dans la partie consacrée aux sous-produits.

Contrôle qualité en huilerie

La mise en place de trois types de contrôles est nécessaire au bon suivi des opérations d'usinage, à l'optimisation de l'extraction des produits attendus (huile de palme et palmistes), des pertes potentielles et au contrôle de la qualité des produits finis. Afin d'éviter toute dérive, il est essentiel que ces contrôles soient menés par une entité indépendante.

En effet, les planteurs et l'usine ont traditionnellement des intérêts qui peuvent être opposés : la plantation veut prouver qu'elle a peu de perte en fruits détachés, une bonne qualité de récolte et une forte production de régimes par hectare, tandis que l'usine voudra prouver un très bon taux d'extraction associé à de faibles pertes et une excellente qualité des produits finis. Or, tous ces paramètres ne sont pas indépendants les uns des autres : par exemple, une proportion d'acides gras libres trop élevée, traduite par une acidité supérieure à la normale peut être due aussi bien à une récolte de régimes trop mûrs, à un trop long délai entre récolte et usinage, qu'à un séchage défectueux de l'huile finie.

Contrôles de qualité à l'entrée des produits

Ils se font sur des échantillons de régimes prélevés dans les véhicules de collecte ou sur le carreau. Il s'agit de déterminer le degré de maturité des régimes, le taux de fruits détachés et leur taux d'extraction potentiel, c'est-à-dire non corrigé. Ces données doivent être croisées avec le même type d'information recueillie à l'occasion des contrôles de récolte en plantation. Ces contrôles sont essentiels pour évaluer l'efficacité réelle et potentielle de l'huilerie.

Efficacité réelle = huile produite / (huile produite + pertes connues)

Efficacité potentielle = huile potentielle / (huile produite + pertes connues)

Si l'efficacité réelle des huileries est souvent évaluée au-dessus de 92 à 93 %, l'efficacité potentielle est très souvent largement inférieure en raison de la difficulté de prendre en compte toutes les pertes au cours du processus d'extraction.

Ces contrôles doivent aussi permettre un paiement à la qualité contrôlable si l'huilerie reçoit des régimes provenant de tierces parties.

Contrôles des pertes en cours d'usinage

Le procédé d'extraction laisse la possibilité de nombreuses sources de pertes potentielles. Le tableau 12.1 récapitule les principales opérations à surveiller et les niveaux de pertes minimales.

Tableau 12.1. Pertes en cours d'usinage.

Opération	Sous-produit	Type de perte	Seuil (%)	Récupération
Stérilisation	Condensats	Huile	Non déterminé	Décantation en Florentin
Égrappage	Rafles	Fruits	0,30	Recyclage, égrappage additionnel
Pressage	Fibres	Huile	3,75	Non
Clarification	Boues liquides	Huile	1,50	Centrifugation, décantation en Florentin
	Boues solides	Huile	3,00	Non
Palmisterie	Eau de lavage	Huile	Non déterminé	Décantation en Florentin
Palmisterie (*Ripple mill*)	Coques et amandes cassées	Coques et amandes cassées	3,00	Non

◗ Contrôle de qualité des produits finis

Les contrôles permettent de vérifier la qualité des produits obtenus.

Huile de palme

Taux d'acides gras libres : < 2,50 %

Taux d'impuretés : < 0,05 %

Taux d'humidité : < 0,10 %

Palmistes

Taux d'amandes cassées

Taux d'impuretés

Huile de palmiste

Taux d'acides gras libres : < 5,50 %

Taux d'impuretés et humidité : < 0,50 %

Le taux d'aflatoxines dues à la présence de moisissures sur les palmistes est souvent vérifié en raison de leur toxicité et leur effet allergisant.

D'autres caractéristiques telles que l'indice d'iode ou la teneur en carotène peuvent être contrôlées pour accéder à certains marchés.

Récapitulatif des résidus et produits d'une huilerie

La figure 12.2 présente schématiquement les différentes étapes du traitement des régimes ainsi que les quantités de produits, sous-produits et résidus issus de ce traitement.

Produits

▌ Huile rouge

Caractéristiques physiques

La couleur de l'huile de palme varie du jaune orangé clair au rouge orangé foncé. Les principales caractéristiques physiques de l'huile de palme ainsi que celles de ses fractions liquides (oléine) ou solide (stéarine) sont reprises dans le tableau 12.2.

Tableau 12.2. Caractéristiques physiques de l'huile de palme.

Caractéristique	Valeur
Densité à 40 °C (D_{40})	0,895 – 0,900
Viscosité à 50 °C (V_{50})	25 – 31
Indice de réfraction (n^{40}_{D})	1,453 – 1,458
Point de fusion (°C)	27 – 45
Indice d'iode (huile de palme)	42 – 55
Indice d'iode (oléine)	56 – 61
Indice d'iode (stéarine)	22 – 49
Indice de saponification	195 - 205

Caractéristiques chimiques

Les compositions en acides gras de l'huile de palme, de ses fractions, de l'huile de palmiste, de l'huile de soja, de l'huile de tournesol, de l'huile de colza ainsi que du beurre figurent dans le tableau 12.3.

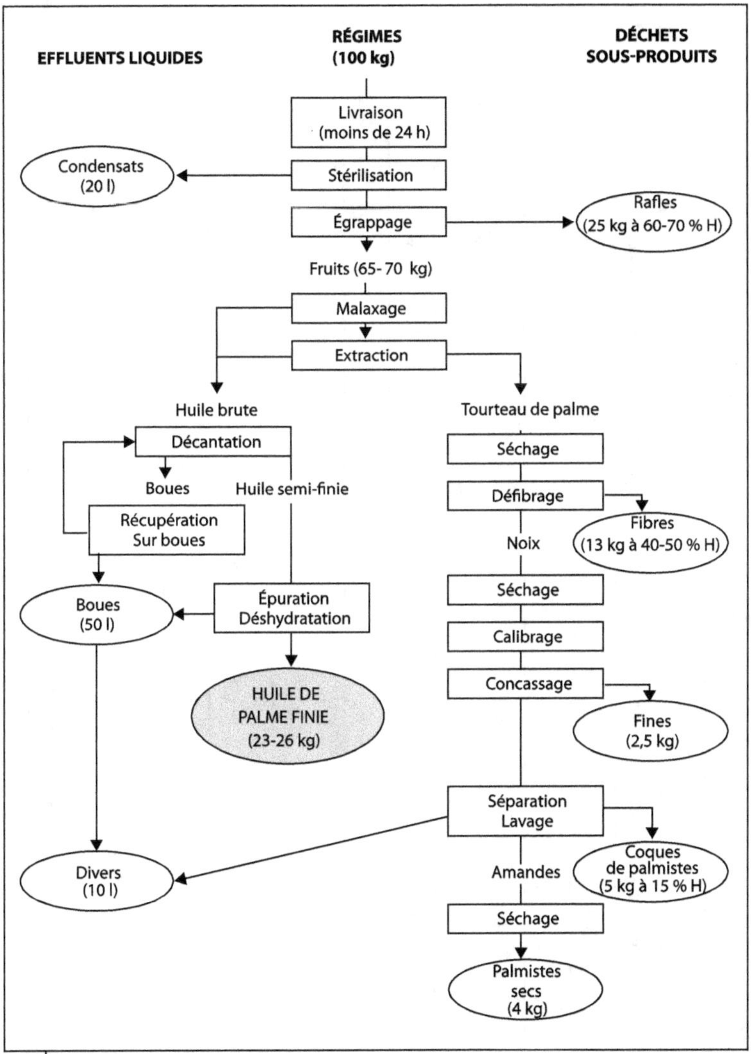

Figure 12.2.
Processus d'extraction d'huile de palme, produits et résidus.

Tableau 12.3. Composition en acides gras (%) d'un échantillon de corps gras.

Acide gras		Corps gras analysés							
Nom	**Symbole**	**Palme**	**Oléine**	**Stéarine**	**Palmiste**	**Soja**	**Tournesol**	**Colza**	**Beurre**
Caprylique	C8:0				3 – 4				
Caprique	C10:0				3				
Laurique	C12:0	< 0,2	< 0,2	< 0,2	45 – 52				3 – 4
Myristique	C14:0	1 - 2	1	1 - 2	14 - 19	0.1	<0,1		8 – 15
Palmitique	C16:0	43 - 46	39 - 41	46 - 69	6 - 10	9 - 11	6 - 7	5 – 6	22 – 38
Stéarique	C18:0	4 - 6	4 - 5	4 - 6	1 - 4	2 - 4	4 - 6	1 – 2	6 – 14
Arachidique	C20:0	< 0,4	< 0,3	< 0,3	-	< 0,3	< 0,5	-	< 0,3
AGS		48 - 54	44 – 47	51 - 77	72 - 92	11 – 15	10 - 14	6 – 8	62 - 83
Palmitoléique	C16:1	< 0,3	< 0,2	< 0,2	-	-	-	-	-
Oléique	C18:1	37 - 41	43 - 44	20 - 38	11 - 19	20 - 25	15 - 25	55 – 62	16 – 35
Linoléique (ω6)	C18:2	9 - 12	10 - 12	4 - 10	1 - 2	52 - 58	62 - 71	19 – 28	1 – 3
Linolénique (ω3)	C18:3	< 0,4	< 0,4	< 0,3	-	6 - 10	< 0,3	8 – 10	< 1
AGI		46 - 52	53 - 56	23 - 49	8 - 28	85 - 89	86 - 90	92 - 94	17 – 38

▌ Palmistes

Les amandes très dures contenues dans les noix de palme sont appelées palmistes. Les variétés de palmier généralement plantées en contiennent de 4 à 6 % du poids frais du régime. Avec les nouvelles variétés commercialisées qui privilégient l'huile de pulpe, ce taux est souvent inférieur à 4 %. Avec les palmiers naturels, le palmiste peut dépasser 10 % du poids récolté.

La composition et la qualité des palmistes marchands sont les suivantes :
– humidité : 6-7 % ;
– teneur en huile : 48-53 % ;
– impuretés : < 4 % (parfois < 2,5 %) ;
– amandes brisées : < 4 % (parfois < 2,5 %).

L'huile de palmiste est de couleur jaune clair à l'état liquide avec une saveur et une odeur de noisette caractéristique. Sa composition chimique (tableau 12.3) et ses caractéristiques physiques en font une huile très proche de celle de l'huile de coprah qu'elle a ainsi supplantée dans la quasi-totalité des usages en raison de son abondance.

Sous-produits et effluents

▌ Rafles

La rafle est le support fibreux du régime de palme. Elle est récupérée après égrappage et représente 20 à 25 % du poids des régimes entrant à l'huilerie. Ces rafles contiennent de 60 à 70 % d'eau et doivent être évacuées en continu. Ce résidu présente un potentiel de fertilisation organique intéressant (tableau 12.4). Diverses possibilités ont été explorées.

L'incinération

Elle fut pratiquée jusqu'au début du XXIe siècle, et est maintenant interdite dans les plus grands pays producteurs en raison de la pollution atmosphérique intense qu'elle provoque.

Tableau 12.4. Composition moyenne des rafles (adapté de Corley et Tinker, 2003).

Élément	Composition en matière sèche	
	Variation	Moyenne
Carbone (%)	42,0 – 43,0	42,8
Azote (%)	0,65 – 0,94	0,80
Phosphore (% P_2O_5)	0,18 – 0,27	0,22
Potassium (% K_2O)	2,0 – 3,9	2,90
Magnésium (% MgO)	0,25 – 0,40	0,30
Calcium (% CaO)	0,15 – 0,48	0,25

L'épandage de rafles en plantation

C'est une solution agronomique intéressante chaque fois que les coûts de transport ne sont pas prohibitifs. En dehors d'éléments minéraux tels que le potassium, leur épandage a un effet améliorant sur la structure du sol et le développement du système racinaire absorbant (planche 32).

Après broyage et essorage, ces rafles peuvent être compostées selon des techniques nouvelles qui, menées sous abri, permettent également d'absorber la totalité des effluents liquides et solides issus du fonctionnement des usines. Ce compost peut alors être utilisé soit comme fertilisant en plantation, soit mélangé au terreau pour préparer le substrat de pépinière. Ce compostage est le plus souvent partiel, car mené sur 4 à 5 semaines. Il permet néanmoins de réduire le volume de matière à retourner au champ de 30 à 40 %.

Il faut noter que les teneurs en éléments minéraux des rafles ou du compost restent étroitement liées au bilan nutritionnel des palmiers et de leur fertilisation. Il y a donc lieu de vérifier leur composition avant d'en estimer la valeur de remplacement d'une fertilisation minérale.

Fibres, coques et tourteaux de palmiste

Les fibres représentent environ 12 à 13 % du poids frais de régimes tandis que les coques et autres déchets ne représentent que 5 à 7 % de celui-ci. Ces déchets, ainsi que les tourteaux d'extraction de l'huile de palmiste sont le plus souvent envoyés à la chaudière pour la production de vapeur et d'énergie. Leurs caractéristiques énergétiques sont résumées dans le tableau 12.5.

Tableau 12.5. Valeur énergétique des sous-produits (adapté de Gurmit Singh *et al.*, 2009).

Matériau	Valeur calorifique (kJ/kg)	Cendres (%)	Matière volatile (%)	Humidité (%)	Extractible à l'hexane (%)
Rafles	18 795	4,60	87,04	67,0	11,25
Fibres	19 055	6,10	84,91	37,0	7,60
Coques	20 093	3,00	83,45	12,0	3,26
Tourteaux de palmiste	18 884	3,94	88,54	0,28	9,35

▮ Effluents liquides

Ces effluents liquides se composent des condensats de stérilisation, des boues de clarification, des eaux d'hydrocyclones, de lavage et purges diverses. Leur volume et leur composition dépendent du procédé d'extraction utilisé ainsi que des technologies mises en œuvre. Ils représentent entre 0,5 et 0,8 m³ d'effluents par tonne de régimes usinés. Leur charge polluante est très élevée (tableau 12.6). Avant d'être rejetés dans la nature, ces effluents doivent être impérativement traités par un système de dépollution adéquat.

Tableau 12.6. Charge polluante des effluents d'huilerie et normes de rejet (adapté de Turner & Gillbanks, 2003 ; Gurmit Singh *et al.*, 2009).

Paramètre	Effluent non traité		Norme de rejet (Malaisie)
	Moyenne	Variation	
pH	4,5	3,8-5,2	5,0-9,0
Demande biologique en oxygène (DBO3) en ppm	21 500	11 000-37 000	100
Demande chimique en oxygène (DCO) en ppm	47 000	16 000-100 000	-
Solides totaux en ppm	40 000	12 000-70 000	-
Solides en suspension en ppm	15 000	5 000-40 000	400
Huile et graisses en ppm	5 100	150-13 000	50
Azote ammoniacal en ppm	35	4-80	150
Azote total en ppm	750	180-1 400	200
Température de rejet °C	-	80-90	45

Ces effluents sont souvent recueillis dans un florentin avant traitement afin de récupérer, par décantation et écrémage, une huile de mauvaise qualité. Les boues solides obtenues par centrifugation trois voies peuvent être traitées à part pour faire de l'aliment de complément pour les ruminants ou les porcins.

Dépollution

Comme nous venons de le voir, les risques de pollution de l'environnement sont très élevés dans une huilerie de palme. Outre l'évidente et grave pollution liée au rejet d'effluents liquides non traités, il faut ajouter les fumées des chaudières et partout où ces systèmes sont encore tolérés, les fumées des incinérateurs et fosses à rafles.

Les plus grands pays producteurs, tels que la Malaisie et plus récemment l'Indonésie ont mis en place des législations contraignantes concernant ces rejets et les risques de pollution. L'adhésion du planteur à une initiative telle que RSPO l'oblige également à contrôler de façon efficace les rejets qu'il peut être amené à faire dans l'atmosphère, les eaux de surface ou les eaux souterraines.

Les installations de dépollution varient considérablement selon les pays, les particularités de chaque usine et les capacités de valoriser tout ou partie des sous-produits.

13. Les usages des produits et des sous-produits du palmier à huile

Utilisation des produits

L'utilisation de l'huile de palme et de l'huile de palmiste est extrêmement variée. Néanmoins, plus de 80 % de la production est destinée à la consommation humaine, le reste à des fins technologiques non alimentaires, à la production animale ou, de façon encore très limitée, à la production de carburants.

▶ Usages alimentaires

Huile de table

L'utilisation de l'huile de palme ou de l'huile de palmiste est relativement différente selon les régions. Dans l'ensemble des pays tropicaux, l'essentiel de la consommation d'huile de palme se fait sous les formes d'huile alimentaire ou d'huile de friture. Ce type d'utilisation n'est pas possible dans les pays tempérés en raison de son point de fusion trop faible. L'huile de palme rouge est largement consommée par les populations africaines au sud du Sahara. Sous une forme raffinée et désodorisée, elle s'est imposée comme huile de table dans toutes régions tropicales. Il est possible de la rencontrer, en mélange avec d'autres huiles végétales, dans les pays tempérés chauds tels que le sud de la France, l'Italie ou l'Espagne.

Friture

Pour la friture, environ 55 % de la population mondiale utilise une huile végétale liquide, l'autre partie, soit 45 %, une huile végétale solide. La résistance de l'huile de palme aux températures atteintes dans un bain de friture (170-185 °C) est connue depuis plus de 35 ans avec le plus faible taux d'oxydation, de polymérisation et d'hydrogénation comparée aux autres huiles de friture. L'apport d'huile de palme dans l'huile de friture améliore la résistance à l'oxydation, et permet une viscosité et une teneur en polymères plus faibles que celles observées avec les huiles de friture sans huile de palme.

Margarine

Les margarines sont un substitut du beurre qui est fabriqué à partir des matières grasses du lait de vache. La production de ces margarines nécessite l'emploi de graisses végétales hydrogénées. L'hydrogénation partielle d'une huile consiste donc à réduire le nombre de doubles et triples liaisons des acides gras insaturés ce qui augmente sa proportion en acide gras saturés. Ce processus produit des acides gras «cis»et des acides gras «trans». Ces derniers doivent être éliminés en raison du risque cardio-vasculaire qu'ils font supporter au consommateur. L'huile de palme non hydrogénée ne présente pas d'acides gras «trans».

Ces huiles partiellement hydrogénées sont caractérisées, notamment, par leur point de fusion. Une huile végétale partiellement hydrogénée, quelle que soit son origine, dont le point de fusion est de 35 °C, aura ainsi pratiquement la même proportion d'acides gras saturés que l'huile de palme.

Par son mode de cristallisation et son influence bénéfique sur la cristallisation des corps gras mélangés avec elle, l'huile de palme est très prisée pour la fabrication de margarine de table.

Au Moyen-Orient, dans le sous-continent Indien, en Afghanistan et en Asie du Sud-Est, le *vanaspati*, sorte de graisse granuleuse, substitut du *ghee*, beurre déshydraté tiré du lait de vache ou de bufflesse, peut être fabriqué à partir d'huile de palme interestérifiée.

L'interestérification consiste à provoquer un réarrangement du positionnement des acides gras sur la molécule de glycérol. Les propriétés physiques de l'huile sont ainsi modifiées. L'interestérification peut être faite soit par voie chimique aléatoire, soit par voie enzymatique et dirigée.

Emploi des graisses végétales

Les graisses végétales de base ou *shortening* sont employées dans les pâtisseries et les boulangeries industrielles. De l'huile de palme interestérifiée ou de l'huile de palmiste hydrogénée est le plus souvent utilisée pour cet usage en remplacement du beurre. L'intérêt de l'huile de palme dans ces préparations réside dans sa capacité exceptionnelle à la formation d'une structure poreuse et souple de la pâte, au foisonnement de la crème et à la structure aérée du produit final. Sa résistance à l'oxydation, responsable du goût rance, est aussi un atout très prisé.

Sous cette forme, l'huile de palme est utilisée dans la préparation de pâtes instantanées, chocolats, glaçages et confiseries.

Source de vitamines

L'huile de palme est aussi une bonne source de tocophérols, dont la vitamine E, aux propriétés anti-oxydantes, et de β-carotène (base de la biosynthèse de la vitamine A).

De nouvelles utilisations se sont faites jour dans les années 2000, notamment dans la production de substituts, d'extension ou d'équivalents du beurre de cacao pour leur intégration dans le chocolat de couverture en biscuiterie et les crèmes glacées ou la substitution du lait dans les crèmes, le lait en poudre, le lait reconstitué et les boissons à base de café, de thé ou de chocolat.

Usages industriels

Depuis 20 ans, la recherche-développement et l'industrie malaisienne ont exploré un nombre considérable d'utilisations non alimentaires de l'huile de palme et de l'huile de palmiste.

Les plus connus sont : les graisses de forage ou de laminage, les savons, les résines époxydes (polyuréthanes, polyacrylates, etc.), le caoutchouc synthétique, les bougies, les cosmétiques, les savons métalliques, les produits de soins corporels, les émulsifiants, des produits aromatiques (Imidazolines) et le glycérol.

Carburants

L'utilisation de l'huile de palme comme carburant est déjà ancienne puisqu'elle était utilisée comme telle lors de la seconde guerre mondiale. Elle était utilisée soit pure soit mélangée avec du gazole.

Néanmoins, la technologie des moteurs diesels ayant beaucoup évolué, il n'est plus possible d'utiliser de l'huile de palme non transformée comme carburant.

À partir de l'huile de palme, il est possible de produire, après un processus de trans-estérification, les esters de méthyle (biodiesel) ou, après une réaction catalytique, des produits du type essence, kérosène, gazole, etc.

La première voie est la plus connue puisqu'elle est utilisée en Europe pour la production de biocarburants.

Actuellement, environ 1 % de la production totale d'huile de palme est utilisée pour la production de carburant renouvelable.

Les principaux freins concernant l'utilisation de l'huile de palme comme biodiesel sont :
– la compétition avec l'utilisation alimentaire ;
– la disponibilité en superficies dédiées à cette production ;
– l'acceptabilité et la faisabilité d'une politique assignant à l'agriculture, non seulement de nourrir le monde, mais aussi de lui fournir de l'énergie renouvelable ;
– les politiques de soutien aux productions nationales de biodiesel ;
– le prix de l'huile de palme sur le marché mondial qui apparaît lié aussi à celui du pétrole à l'instar d'autres matières premières pouvant servir à la production d'énergies renouvelables.

Utilisation des sous-produits

Outre les usages traditionnels pour la production d'énergie ou de cendres pour la fertilisation, la mise en œuvre de normes plus respectueuses de l'environnement visant à limiter les rejets polluants ainsi que le développement de technologies nouvelles, l'utilisation des sous-produits de l'exploitation du palmier à huile s'est fortement diversifiée depuis une dizaine d'années.

▶ Usages agricoles

L'incinération des rafles donnant un fertilisant potassique a été pendant des années la méthode la plus courante. De façon moins répandue, les boues extraites des lagunes de dépollution ont pu être épandues dans les parcelles. Ces usages se font beaucoup plus rares maintenant que l'incinération des rafles est, soit interdite comme en Asie du Sud-Est, soit non recommandée pour accéder aux certifications de développement durable.

Actuellement, la méthode la plus efficace consiste à retourner au champ les rafles et les effluents d'usinage après un traitement spécifique :
– les rafles sont hachées puis pressées pour en extraire l'huile résiduelle ;

– le produit du pressage est mis en compostage partiel sous abri ;
– dès le début du compostage, les rafles hachées sont arrosées régulièrement avec les effluents de l'huilerie ;
– l'énergie dégagée par la fermentation du compost suffit à l'évaporation de l'eau excédentaire.

Le compostage n'est pas conduit jusqu'à son terme ultime lorsqu'il n'est pas destiné à la commercialisation, mais est stoppé après 6 semaines environ. Ce semi-compost est retourné dans les parcelles en remplacement partiel de la fertilisation.

Au lieu d'être envoyés en lagunage, les effluents d'huilerie peuvent être épandus directement en plantation. Plusieurs méthodes sont possibles : par un système d'arroseurs, par des fossés peu profonds le long des lignes ou, sur des terrains en pente, par des placettes en casiers. Ce système requiert souvent une autorisation des autorités *ad hoc*.

Il convient de bien le contrôler afin d'éviter la pollution des ruisseaux et rivières ainsi que des nappes, notamment en veillant à récurer régulièrement les fossés et les casiers, en tenant compte du régime des pluies et des pics de production dans la gestion des applications quotidiennes et du dimensionnement de l'installation.

Le traitement de certaines boues peut permettre la production de fertilisants organiques :
– les boues collectées après digestion dans les lagunes, après séchage et enrichissement par des éléments minéraux chimiques (Sime Darby Plantations) ;
– les boues solides issues de décantation trois phases, après compostage à l'abri des pluies et enrichissement par des éléments minéraux chimiques (United Plantation) ;
– les effluents de décantation après mélange, séchage à 100-110 °C, enrichissement par des éléments minéraux chimiques et pelletisation (Kumpulan Guthrie).

Les boues solides issues des centrifugeuses trois phases, les boues de décantation, les fibres et les tourteaux de palmiste peuvent être utilisés dans les rations alimentaires des bovins, à condition de veiller à l'équilibre du régime alimentaire.

▶ Usages industriels

Le stipe de palmier se prête mal à la production de matériaux de construction (poteaux, planches, voire ébénisterie, etc.). Outre les difficultés de sciage et d'usinage, seule la partie basse du stipe peut éventuellement se prêter à cet usage.

La cellulose tirée du palmier peut être utilisée pour fabriquer des panneaux de particules, des plaques de ciment, des plaques de plâtre et du contreplaqué.

La fabrication de papier à partir de la cellulose du palmier, essentiellement des rafles, est possible. Néanmoins, une unité de 500 tonnes de papier sec doit pouvoir collecter les rafles provenant d'environ 250 000 à 300 000 ha de palmier à huile (estimation dans les conditions d'Asie du Sud-Est).

D'une façon générale, sont surtout ciblés pour ces usages, les stipes et les pétioles provenant des opérations de replantation ainsi que les rafles. Leur usage comme retour de fertilisant et de matière organique est bien plus recommandable afin de préserver la fertilité à moyen et long terme des plantations.

Enfin, les coques de palmiste donnent, après carbonisation, un charbon de très haute qualité, utilisable pour la fabrication de charbon actif.

Énergie et carburants

L'utilisation des fibres et des coques de palmiste comme combustible dans des chaudières adaptées pour la production de vapeur est effective depuis des décennies. Leur utilisation première est la production d'énergie.

La collecte des gaz de fermentation anaérobie issus du traitement des effluents d'huilerie, soit en systèmes dédiés, soit en lagunage, est pratiquée depuis plusieurs années en Asie du Sud-Est. Le méthane produit peut être utilisé comme combustible pour produire de l'électricité ou alimenter des moteurs agricoles.

Autres usages

La sève de palmier, qu'elle provienne de la saignée d'inflorescences mâles ou de celle du bourgeon terminal sur des palmiers abattus, donne, après une légère fermentation, le vin de palme, très populaire en Afrique.

Traditionnellement, les palmes sont utilisées pour la construction de clôtures légères et d'éléments de couverture de toiture. Les nervures des folioles servent à confectionner des balais. Les rachis frais débités en lanières sont utilisés pour la confection de paniers tressés.

Projets issus du protocole de Kyoto

Dans le cadre des dispositifs flexibles prévus dans le Protocole de Kyoto, les mécanismes de développement propre (MDP, CDM en anglais) commencent à être largement utilisés dans l'agro-industrie du palmier à huile pour financer le développement de l'utilisation des sous-produits. Ils concernent tout particulièrement la récupération du méthane, gaz à effet de serre, soit directement depuis les systèmes de lagunage soit indirectement à travers le compostage des rafles incluant l'incorporation des effluents de l'huilerie. Ces projets doivent aboutir à la réduction des émissions de gaz à effet de serre ou à l'amélioration de leur stockage en complément des pratiques courantes ou réglementaires. La mise en œuvre de ces projets doit suivre des règles très strictes et être approuvée par une autorité nationale spécifique. Les mécanismes sont supervisés par le bureau exécutif des MDP et accessibles seulement dans les pays ayant ratifié le protocole de Kyoto.

Ces projets permettent d'accumuler des certificats de réduction d'émission de carbone sous forme de crédits équivalant à une tonne de CO_2 (CER, *Certified Emission Reduction*). Ces certificats sont ensuite échangés sur un marché du carbone. Les principaux problèmes résident dans les fluctuations de la valeur de la tonne de CO_2, l'arrivée de fonds spéculatifs, la jeunesse de ce marché et enfin l'équilibre entre la demande, provenant en général des pays développés, et l'offre, provenant des pays non développés. Il semble que le marché du carbone soit beaucoup moins surveillé que les MDP eux-mêmes.

14. La sécurité au travail et la santé des personnels

Lors du processus de certification (par exemple ISO 14000 ou OHSAS 18000), l'impact de l'activité concernant la sécurité et la santé des personnels employés est systématiquement évalué et les mesures adéquates édictées.

Quelques informations importantes concernant cet impact potentiel sur la sécurité au travail et la santé des personnels seront néanmoins données ici.

Formation

Le point le plus important est la formation. Ce point est d'autant plus crucial que le personnel de plantation est souvent illettré ou sorti trop rapidement du cycle scolaire. Dans de nombreux cas, il n'est pas capable de lire et de comprendre les étiquetages parfois écrits dans une langue étrangère. Le chef d'équipe a, quelquefois, les compétences nécessaires pour cela.

La formation aura donc pour objectif d'expliquer à chaque employé, encadrement compris, l'origine des risques, l'intérêt des mesures de prévention prises et que la sécurité est toute aussi nécessaire et importante que la productivité.

Cette formation devrait inclure, dans un langage adapté au public concerné, au moins les points suivants :
- la compréhension de l'étiquetage, des panonceaux et des procédures ;
- les moments à risques lors de l'utilisation des produits et des machines pendant toutes les séquences techniques ;
- les problèmes de santé encourus ;
- la conduite à tenir en cas de déversement accidentel ou d'accident ;
- les premiers secours ;
- les équipements de protection individuelle ;
- la conduite à tenir après la fin de la séquence technique ;
- l'élimination des déchets et autres emballages.

Cette formation initiale doit être complétée par des actions répétées de recyclage aussi bien des personnels que de l'encadrement. Ces actions sont d'autant plus importantes que la chaleur et l'humidité, caractéristiques permanentes des conditions de travail en palmeraie sous les tropiques, sont très favorables au développement de conséquences graves en cas d'accident ou d'exposition aux produits dangereux.

Sécurité au travail

De nombreuses séquences techniques en plantation ou en huilerie sont susceptibles d'entraîner des problèmes de sécurité pour les personnes et pour les biens.

Quatre grandes sections du travail en plantation seront donc explorées : la fertilisation, la protection des cultures, la récolte des régimes et la transformation.

Fertilisation

Généralités

Les fertilisants employés en plantation sont le plus souvent des engrais chimiques simples, des engrais composés ou des mélanges. Certains engrais ne sont pas compatibles entre eux et ne doivent pas être mélangés ou stockés ensemble.

Les constituants de certains engrais peuvent donner lieu à des réactions se soldant soit par des dégagements gazeux issus des matières fertilisantes, soit par une modification de leur état physique. D'autres, sous forme de poudre ou de sel, peuvent être particulièrement hygroscopiques.

Tous les engrais contenant de l'azote, notamment des nitrates, doivent faire l'objet de précautions spécifiques lors de leur stockage de façon à éviter leur contamination. Pour ces derniers, trois grands types de dangers sont reconnus : la décomposition auto-entretenue, la détonation et la décomposition simple.

Stockage

Les bâtiments de stockage doivent être secs, bien ventilés et disposer de moyens adéquats de lutte contre les incendies. Les aires de

stockage, séparées pour chaque type d'engrais doivent permettre de récupérer les éventuels écoulements.

Si l'engrais est stocké en sac, la hauteur des piles ne devrait pas excéder 3 mètres ou 3 palettes. Si l'engrais est stocké en vrac, celui-ci doit être recouvert d'une bâche. Si des mélanges sont préparés, il est préférable de les faire peu de temps avant l'application.

Si l'engrais est reconditionné avant d'être acheminé au champ, le personnel ne devra pas le faire au pied des empilements, mais sur une aire spécialement aménagée et bien aérée. Ce reconditionnement ne doit être fait qu'au fur et à mesure des applications. Il est fortement recommandé d'éviter de faire ce type de travail en période de pluie.

Application au champ

Le personnel affecté au reconditionnement, au transport et à l'épandage des engrais doit impérativement se protéger : lunettes, gants, masques, chaussures ou bottes et tabliers.

Ces recommandations sont aisées à faire comprendre au personnel si le fertilisant apparaît immédiatement irritant comme l'urée ou les sels (chlorure de potasse ou kieserite). Dans les autres cas, une attention particulière doit être apportée au respect des règles d'autant que certains fertilisants peuvent être très toxiques (Borax, sels de cuivre, etc.).

Pesticides

Généralités

Les pesticides sont les substances ou les mélanges de substances qui servent à éliminer, limiter ou repousser les différents types de nuisibles, végétaux ou animaux. Ils sont censés lutter contre les insectes (insecticides), les mauvaises herbes (herbicides), les champignons et les moisissures (fongicides), les rongeurs (rodenticides) et les mollusques (molluscicides). Ils sont le plus souvent d'origine chimique. La plupart d'entre eux sont toxiques et peuvent provoquer des troubles de santé pour l'homme comme pour la faune.

Ils peuvent se présenter sous forme solide pour être appliqués sans être dilués (poudre, granulés), sous forme d'appâts concentrés, de granulés solubles ou de poudre mouillable. Sous forme liquide, ils sont employés en aérosols, en émulsion ou en suspension.

Selon la classification européenne, ils peuvent être hautement toxiques (T+), toxiques (T), dangereux (Xn) ou irritants (Xi). La classification de l'OMS ne correspond pas exactement à la précédente : extrêmement dangereux (Ia), très dangereux (Ib), modérément dangereux (II) et peu dangereux (III). Par ailleurs, l'étiquetage indique aussi si le produit est inflammable, corrosif ou explosif.

En principe, sur l'étiquette du produit ou sur la fiche technique santé-sécurité, sont repris tous les renseignements concernant la composition du produit, le type de risque associé à son utilisation, la toxicité, les symptômes d'empoisonnement, les précautions d'usage, les premiers secours et/ou les procédures à suivre en cas d'urgence.

Cette fiche, disponible auprès du fabricant ou du détaillant, doit être diffusée largement auprès des unités de plantation utilisant ces produits.

Stockage

Les magasins de stockage de pesticides seront bien aérés, secs et bien éclairés. Ils doivent disposer des moyens de lutte contre les incendies ainsi que du matériel nécessaire aux premiers secours.

Dans les magasins de stockage, les pesticides sont stockés séparément par catégorie et dans leurs emballages d'origine. S'il est prévu que le produit contenu dans son récipient d'origine soit distribué sur plusieurs jours, il doit être transféré sur une aire de stockage spécialisée permettant la récupération de fuites ou de débordements éventuels. Il n'est pas recommandé de reconditionner les pesticides dans d'autres emballages et, dans tous les cas, il faut proscrire tout contenant ne mentionnant pas le contenu. Les étiquettes originales doivent être transférées sur le nouveau conditionnement.

Les emballages vides ne peuvent, en aucun cas, être réutilisés comme récipients. Ils doivent être collectés et détruits selon les normes en vigueur.

Application au champ

Le magasinier ainsi que le personnel chargé des applications des pesticides doivent revêtir les équipements de protection requis : lunettes, gants, masques, chaussures ou bottes et tabliers lors des manipulations et des applications. Une réserve d'eau claire et de savon leur permettra de se laver les mains après chaque manipulation ou à la fin d'une séquence de travail.

Les récipients ou matériels utilisés à la préparation et à l'application des pesticides seront spécifiques à chaque catégorie et clairement identifiés comme tels par des marquages adéquats.

La préparation des mélanges à utiliser, celle du matériel, son remplissage, l'application du produit et le nettoyage doivent faire l'objet de procédures écrites, claires et précises mises à disposition des responsables de terrain.

Si l'eau nécessaire à la préparation des mélanges peut être puisée directement dans les rivières ou dans les drains, il doit être proscrit de laver les récipients ou équipements dans ces mêmes rivières et drains après usage. Des aires de lavage, équipées de collecteurs et de puits perdus en nombre suffisant doivent être installées. Ces aires de lavage seront suffisamment éloignées des points d'eau et forages servant à l'usage des populations environnantes pour ne pas polluer leur ressource en eau claire.

Si les applications doivent être faites à un niveau tel que la pulvérisation ou la distribution de produit se fait au-dessus de la taille de la personne chargée de l'application, celle-ci doit ajouter une cagoule à son équipement de protection en raison du risque de projection vers le visage. Selon le type de matériel utilisé, l'opérateur peut aussi être amené à porter une protection contre le bruit.

Les appareils utilisés doivent être en parfait état, sans présence de fuite de liquide ou de poudre au niveau des joints, du corps ou des lances d'application.

Récolte, collecte et transport des régimes

Généralités

Si le palmier à huile est une plante très ornementale, il présente quelques spécificités qui peuvent être une source de danger pour les personnes qui travaillent à sa récolte : les pétioles des feuilles possèdent deux rangées latérales d'épines, les bases des nervures des folioles sont cassantes et rigides et se transforment aisément en aiguilles acérées, les épillets des régimes se terminent par une forte épine conique. Le palmier croît en hauteur pendant toute sa vie économique. Ainsi le régime récolté, qui à 10-15 ans peut atteindre plus de 15 kg, chutera de plus en plus haut ainsi que les feuilles coupées.

Ensuite, du fait de la nature fortement fibreuse des pétioles et du pédoncule des régimes, les outils de récolte sont munis de lames extrêmement tranchantes qui sont fixées au bout d'une perche de plusieurs mètres (jusqu'à 10 m en Asie du Sud-Est).

Au champ

Le personnel affecté à la récolte peut donc se blesser aux mains ou aux membres inférieurs avec les épines des pétioles ou des régimes lors de l'opération de coupe des régimes. Il peut aussi se blesser ou blesser un compagnon avec son outil. Enfin, il peut être très gravement blessé s'il n'est pas assez attentif lors de la chute du régime ou de la feuille après leur coupe.

Un bon entretien des ronds et le placement de la partie épineuse de la feuille dans l'andain font partie des dispositions préventives de sécurité. Ensuite, il est recommandé de fournir au personnel des souliers adaptés, des gants et un casque de chantier. L'outil de récolte devra être bien affûté pour faciliter la coupe.

Lors des déplacements, la lame des outils doit être démontée, si cela est possible, sinon être protégée par un fourreau adéquat.

Pour la sortie bord-champ, la propreté des sentiers de récolte relève aussi de la sécurité passive. Le portage sur la tête avec ou sans panier devrait appartenir à une époque révolue.

Les travailleurs affectés au chargement des régimes dans des remorques tractées ou dans des camions doivent revêtir les mêmes équipements de protection que les récolteurs. Lors des transferts, ils ne doivent absolument pas être juchés sur les régimes, mais être assis dans la cabine du véhicule. Les outils de chargement (crocs, fourches, etc.) doivent être placés en zone de sécurité.

Transformation

L'extraction de l'huile de palme des régimes se fait tout au long d'un processus industriel décrit au chapitre 12. Cette simple description permet d'imaginer aisément que la sécurité et la prévention des accidents y sont des éléments essentiels de la productivité recherchée.

Il n'y a pas une seule partie du processus d'extraction qui puisse y échapper. Une huilerie de palme est un espace assez restreint. Les fluides utilisés ou les produits obtenus sont divers (électricité, feu, eau, vapeur, huile), parfois ils sont portés à des températures élevées ou à de fortes pressions. Il y a de nombreuses pièces et machines en mouvement au sol comme en hauteur (cages de stérilisation, égrappoir, courroies, bandes et chaines de transport, etc.), des machines ou appareils fonctionnant sous pression (chaudières, stérilisateurs, turbines, presses, etc.), à haute vitesse (turbines, décanteurs, centrifugeuses) ou en dépression (séchoir à huile), etc.

Les plates-formes de travail sont rendues souvent glissantes en raison du processus de transformation qui rejette dans le milieu ambiant de la vapeur d'eau (chaudières, stérilisateurs, turbines, etc.), des poussières (cyclones, concasseurs) et des déchets gras. Enfin, le niveau sonore est très élevé.

La mise aux normes ISO 9001, ISO 14000 et OHSAS 18000, ainsi qu'écrit plus haut est une pièce essentielle de la sécurité passive et active dans une huilerie. Il ne devrait plus y avoir d'huilerie dans une compagnie moderne qui ne soit certifiée pour ces trois normes.

En tout état de cause, tout le personnel d'huilerie, cadres y compris, doit être équipé de vêtements et de chaussures de sécurité, de gants, d'un casque de chantier, de protection auditive, etc.

Seules les personnes habilitées devraient y pénétrer et les visiteurs se conformer aux prescriptions délivrées par leur encadreur.

L'huilerie doit disposer des moyens adéquats pour faire face à tout incident industriel mettant en danger aussi bien les hommes que les installations.

Santé des personnels

Généralités

Il est impératif de garder à l'esprit que l'exposition régulière et à dose non toxique à un produit chimique ou allergène peut avoir des conséquences graves pour les personnels à plus long terme. Parfois, le problème médical survient longtemps après l'exposition et il devient alors difficile de déterminer l'origine exacte de celui-ci.

La meilleure protection réside donc, dans le remplacement le plus rapidement possible des produits, pesticides notamment, qui font l'objet de signalement de problème médical, auprès d'instances telles que PIC ou POPS (voir chapitre 11). Elle inclut aussi la mise en place de règles strictes de sécurité et de protection. Le respect absolu des règles de sécurité et de protection par le personnel y participe également.

Le management devra également veiller à ce que les personnes à risque, et plus particulièrement les femmes enceintes ou allaitantes et éventuellement les jeunes enfants qui les suivent, soient éloignés temporairement ou définitivement des opérations techniques pouvant mettre en danger leur santé ou celle de leurs enfants, nés ou à venir.

L'équipement nécessaire aux premiers secours doit être disponible partout où ils sont requis : bureaux de plantation, bureaux de division, véhicules, ateliers, usines, chantiers, etc. Il doit être vérifié et renouvelé aussi souvent que nécessaire.

▷ Rappel des équipements minimums de protection individuels

Protection de la tête : casque de chantier, cagoule.

Protection des yeux et du visage : lunettes de sécurité.

Protection des voies respiratoires : masque simple, masque à cartouche.

Protection des mains : gants de protection adaptés au type de produit ou de travail. Sous les tropiques, il est recommandé de porter des gants fins en coton sous les gants de protection à cause de la transpiration.

Protection des voies auditives : casque antibruit, bouchons d'oreille.

Protection du corps : vêtements spéciaux, tabliers.

Protection des pieds : chaussures de sécurité, bottes.

▷ Rappel des bons gestes

Bien lire les étiquettes, les panonceaux et les procédures.

Si nécessaire demander l'explication des procédures ou les expliquer.

Appliquer les procédures.

Cesser le travail en cas de malaise ou d'exposition dangereuse.

Signaler toute allergie.

Pour les femmes, signaler l'état de grossesse le plus tôt possible.

Ne pas oublier que sous les tropiques, les produits chimiques entrent plus facilement par la peau à cause de la transpiration.

Ne jamais toucher les produits chimiques à mains nues.

Ne porter aucune pièce d'appareil à la bouche.

Toujours porter les vêtements de protection adéquats.

Ne pas manger, fumer ou boire pendant les séquences techniques.

Retirer ses vêtements de protection, se laver les mains et le visage avant de manger, boire, fumer ou d'aller aux toilettes.

Mettre ses gants de protection en premier et les enlever en dernier.

Nettoyer soigneusement ses vêtements de protection chaque jour.

Ne pas laver ses vêtements de protection avec les autres vêtements.

Stocker les vêtements de protection dans un local propre, sec et bien ventilé, sans contact avec d'autres vêtements.

Ne pas attendre que les équipements de protection soient complètement détériorés pour les renouveler.

Ne pas transporter ou entreposer des produits chimiques avec des denrées alimentaires.

Ne pas laisser de personnes à risque s'approcher (enfants, femmes enceintes, adultes non informés).

Ne pas stocker des produits chimiques dans des emballages muets (sans étiquettes).

Ne pas jeter les emballages vides en dehors des endroits requis.

Ne jamais laisser les produits chimiques ou pesticides et les équipements sans surveillance.

Enfin

APPLIQUEZ LES PROCEDURES (bis)

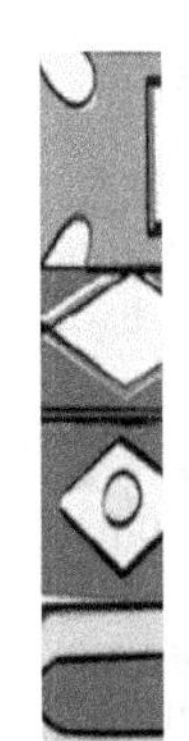

15. L'huile de palme et la santé humaine

Lipides

Selon leurs fonctions ou leurs propriétés, les lipides peuvent être regroupés au sein de trois grands groupes : les constituants des membranes cellulaires ou lipides de structure, les lipides de réserve, principale source d'énergie des cellules, et les lipides ayant une fonction métabolique.

Lipides de structure

Ils sont les constituants de base des membranes plasmiques, qui entourent les cellules, et des membranes cytoplasmiques qui entourent les organites cytoplasmiques tels que le noyau, les mitochondries, etc. Ils contribuent étroitement au fonctionnement du type d'organite auquel la membrane est associée. Dans le plasma sanguin, associés à des protéines, les phospholipides composent l'enveloppe des lipoprotéines assurant le transport des lipides hydrophobes. Les acides gras les plus importants de ce domaine sont : les acides stéariques (C18:0) et linoléiques (C18:2ω6) constituant des phospholipides membranaires, et l'acide oléique (C18:1), constituant majeur des lipides de structure.

Lipides de réserve

L'apport énergétique de la ration alimentaire quotidienne pour un humain adulte varie de 478 à 717 kJ selon son type d'activité. Les lipides devraient intervenir pour environ 30 % de ce total soit environ 70 g de corps gras par jour. Cette quantité comprend les corps gras visibles (huiles d'assaisonnement, margarines, beurres, chocolat, etc.) et aussi les corps gras cachés (viandes, laitages, crème, spécialités alimentaires, plats cuisinés, etc.). La part respective de ces deux sources n'est pas facile à déterminer dans la ration alimentaire.

Les lipides de réserve sont représentés par les triglycérides des tissus adipeux. Ces tissus sont indispensables pour leur rôle d'écran protecteur (peau, rein, etc.) et l'importante réserve métabolique qu'ils constituent. La lipolyse produit 2 150 kJ par kg de lipides tandis que la dégradation des glucides n'apporte que 1 075 kJ par kg de glucides.

L'accumulation ou la mobilisation des réserves lipidiques sont gouvernées par la balance entre les apports énergétiques alimentaires et la consommation d'énergie sous toutes ses formes d'une part, et par les régulations endocriniennes, des facteurs constitutionnels et les conditions neurophysiologiques du comportement alimentaire d'autre part. Certaines pathologies peuvent également avoir une forte influence.

Il faut noter que le cholestérol, stéride comprenant 30 carbones composé d'alcools cycliques n'est pas un lipide de réserve. Il est majoritairement synthétisé dans le foie ou apporté par les produits alimentaires d'origine animale. Par nature, le cholestérol est totalement absent des huiles végétales.

Lipides à fonction métabolique

Tous les lipides, y compris les lipides saturés jouent un rôle essentiel dans le transport des vitamines liposolubles (vitamines A, D, E et K).

L'acide myristique (C14:0) intervient dans les messages cellulaires et la fonction immunitaire via la myristoylation des protéines. Il est hypercholestérolémiant.

L'acide palmitique (C16:0) intervient dans la régulation des hormones, et aussi dans les messages cellulaires et la fonction immunitaire.

Deux acides gras saturés auraient des fonctions qui n'ont pas été totalement vérifiées chez l'homme : ainsi l'acide myristique (C14:0) participerait à la régulation de la disponibilité de certains acides gras insaturés comme l'acide docosahexaénoïque (DHA). L'acide laurique (C12: 0) pourrait être un précurseur des acides gras ω3 lorsque ceux-ci ne sont pas présents dans l'alimentation.

Les acides gras mono- et polyinsaturés à 18 atomes de carbone comme l'acide linoléique (C18:2ω6), l'acide linolénique (C18:3ω3) sont nécessaires à la constitution des phospholipides structurels des membranes

cellulaires. L'acide linolénique est spécifiquement indispensable aux cellules nerveuses et rétiniennes.

Ces deux acides gras ne sont pas synthétisés par l'organisme et doivent impérativement être apportés par l'alimentation. Ils sont les précurseurs de tous les acides gras ω3 et ω6 synthétisés dans l'organisme des mammifères. Les besoins en acide linoléique sont de l'ordre de 5 % de la ration énergétique journalière chez l'enfant et de 1 % chez l'adulte.

L'acide arachidonique (C20:4ω6) dérivé de l'acide linoléique est précurseur de médiateurs oxygénés du système cardio-vasculaire (prostaglandines, thromboxanes, leucotriènes). Il est produit par l'organisme et se trouve également dans certaines huiles végétales.

Les acides linoléique et linolénique sont indispensables ; avec l'acide arachidonique, ils constituent les acides gras essentiels.

Lipides et santé

La carence énergétique, particulièrement dangereuse chez l'enfant, provoque un retard de croissance, un amaigrissement et une inactivité physique. La carence en acides gras essentiels, rare chez l'homme, provoque aussi un retard de croissance, des dermatites et une grande susceptibilité aux infections. Ces carences sont surtout rencontrées dans les communautés souffrant de la faim de façon endémique ou par accident.

Quelle que soit la source de corps gras alimentaire, un excès de la balance énergétique de l'individu induira les maladies métaboliques bien reconnues dans le monde occidental : obésité, athérosclérose, cancers de l'intestin, maladies cardio-vasculaires, etc.

Depuis une dizaine d'années, la malnutrition n'affecte donc plus seulement les populations pauvres de l'humanité (malnutrition par carence), mais aussi les populations riches (malnutrition par excès, déséquilibre nutritionnel ou « malbouffe », etc.).

Tous les acides gras ont une fonction biologique utile. Il faut donc en faire une consommation équilibrée. C'est la dose qui est le « poison » et non pas tel ou tel corps gras. Sur les 70 g journaliers de corps gras mentionnés plus haut, environ un tiers devraient être constitués d'acides gras saturés et un tiers d'acides gras polyinsaturés des familles ω6 et ω3.

Huile de palme et santé

⏵ Maladies cardio-vasculaires

Dans les populations riches, les facteurs de risque de maladies cardio-vasculaires qui sont devenus les plus importants sont : l'athérosclérose, l'hypercholestérolémie et l'hypertension artérielle. Ces deux derniers sont souvent déclencheurs de l'athérosclérose.

Dans le métabolisme du cholestérol, ce sont deux composants sanguins qui sont importants : les LDL *(Low Density Lipoproteins)* et les HDL *(Heavy Density Lipoproteins)*. Les premières ont un rôle important dans le dépôt des amas lipidiques des plaques liées à l'inflammation athéromateuse ; tandis que les secondes, permettant le retour du cholestérol libre des tissus périphériques vers le foie, siège du catabolisme du cholestérol, ont un rôle antiathérogène qui contrebalance l'effet des LDL.

D'une façon générale, les acides gras saturés à chaines courte et moyenne, c'est-à-dire possédant moins de 18 atomes de carbone, ont tendance à augmenter les teneurs en cholestérol total et en LDL, tandis que ceux à chaine plus longue ont un effet moindre. L'acide stéarique (C18:0), neutre d'un point de vue cholestérolémique, est transformé rapidement en acide oléique (C18:1) dans le foie.

Les tocotriénols présents dans l'huile de palme ont un effet dépressif sur la cholestérolémie et la teneur en LDL.

Les acides gras saturés et insaturés ont une action opposée sur la tension artérielle. Les premiers ont tendance à augmenter la résistance vasculaire et la réponse contractile des vaisseaux. Les seconds ont une action relaxante sur ces mêmes vaisseaux qui accroîtront la production de prostaglandines vasodilatatrices. L'huile de palme, avec sa proportion d'acides gras saturés quasi identique à celle des acides gras insaturés, a donc un bilan difficile à mettre en évidence.

⏵ Autres maladies

Il n'y a pas d'effet direct de l'huile de palme sur l'obésité en dehors de l'excès de la balance énergétique. Il est intéressant de noter qu'un déséquilibre marqué de la balance ω6 / ω3 en faveur des premiers est un facteur de risque important concernant certaines pathologies telles

que les maladies cardio-vasculaires, les maladies auto-immunes et inflammatoires, certaines affections neurologiques et l'obésité.

Les teneurs élevées en pro-caroténoïdes de l'huile de palme en font, en zone tropicale, un moyen efficace de lutte contre l'avitaminose A et ses redoutables conséquences. Outre les affections de la rétine, la carence en vitamine A peut provoquer une kératinisation exagérée de la peau et des muqueuses entraînant une forte baisse des fonctions immunitaires. La vitamine A aurait aussi un effet positif dans la prévention des cancers épithéliaux.

L'huile de palme ne contient pas d'acides gras « trans » (AGT). Ceux-ci proviennent de différentes sources :
- les matières grasses d'animaux ruminants (AGT de type C16:t et C18:1t) ;
- les matières grasses de poisson ou d'huiles végétales partiellement hydrogénées (en général AGT de type C18:1t) ;
- les huiles végétales polyinsaturées portées à des températures élevées (en général AGT type C18:2t et C18:3t).

D'un point de vue métabolique, ces acides gras « trans » se comportent comme l'acide gras saturé correspondant (C16:0 et C18:0). Comme les acides gras saturés, les AGT augmentent la cholestérolémie et le taux sanguin de LDL. Les autres effets potentiels (cancer, obésité) sont insuffisamment documentés.

Leur niveau de consommation ne devrait pas excéder 1,2 % de l'apport énergétique total.

▨ Valeur nutritionnelle

L'acide palmitique, acide gras saturé (C16:0), est la forme de stockage de l'énergie la plus élaborée pour bon nombre d'espèces animales et chez l'homme. Le lait maternel humain en contient 23 %. L'acide palmitique est aussi majoritaire dans l'huile de palme ainsi que cela a été montré au chapitre 12. Mais elle contient aussi une très forte proportion d'acides gras insaturés, notamment d'acide oléique (C18:1) et entre 9 et 12 % d'acide linoléique (ω6 cité plus haut).

La proportion d'acides gras hypercholestérolémiants (acides gras de moins de 16 atomes de carbone) représente moins de 2 % du total des acides gras présents dans l'huile de palme. Le tableau 15.1 compare la composition en acides gras de l'oléine de palme, du lait maternel humain et du lait de vache entier. L'huile de palme contient aussi une part de tocophérols (10-30 ppm) et des γ-tocotriénols (60-100 ppm) ayant des propriétés antioxydantes intéressantes.

Tableau 15.1. Comparaison des teneurs en AGS et AGI de l'oléine de palme, du lait maternel humain et du lait de vache entier.

Type d'acide gras analysé	Lait maternel (%)	Oléine de palme (%)	Lait de vache entier (%)
Acides gras saturés	45-48	44 – 47	63
dont acide palmitique	23	39 – 41	28
Acides gras mono-insaturés	37- 40	43 – 44	30
dont acide oléique	36	39 – 41	28
Acides gras polyinsaturés ω6	12-14		
dont acide linoléique	11-12	10 – 12	2,50
Acides gras polyinsaturés ω3	1-2		
dont acide oléique	0,7 à 0,9	< 0,4	1,40

La composition des triglycérides de l'huile de palme est spécifique : les acides gras saturés, notamment les acides myristiques (C14:0) et stéariques (C18:0) occupent préférentiellement les positions extérieures (positions 1 et 3) de la molécule de triglycéride. Cette position particulière des acides gras sur la molécule se traduit par une différence d'évolution, ainsi ces acides gras seront évacués facilement sous forme de sels de calcium insolubles dans les fèces, tandis que les acides gras insaturés (position 2) sont absorbés préférentiellement par la paroi intestinale (figures 15.1 et 15.2).

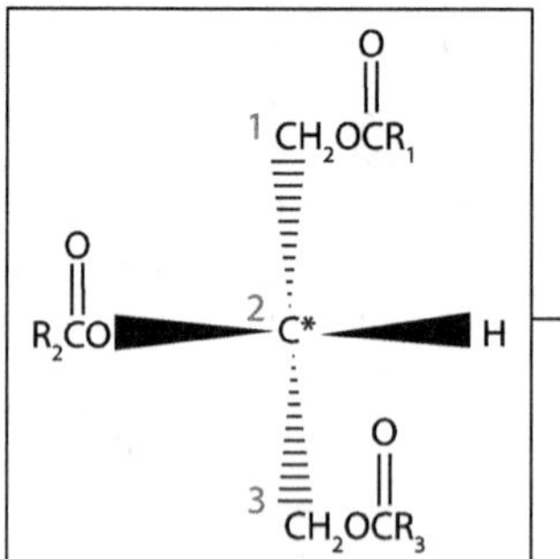

Figure 15.1.
Structure générale des triglycérides (adapté de Graille J., 2009).

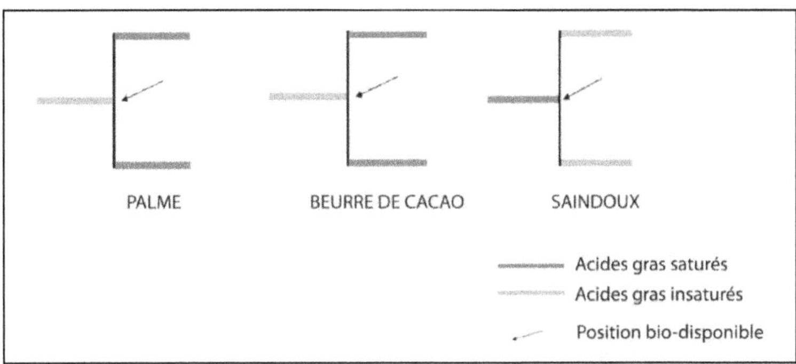

Figure 15.2.
Position préférentielle des acides gras insaturés dans l'huile de palme
(adapté de Graille J., 2009).

L'huile de palme est donc tout à fait satisfaisante sur le plan nutritionnel. Ses performances sont comparables à celles d'autres huiles plus fluides (colza, tournesol, maïs, soja). Le raffinage doux affecte peu ses qualités et l'huile de palme raffinée renferme des proportions satisfaisantes de tocophérols et de tocotriénols.

Glossaire

Acide gras « trans » *(trans fatty acid)* : acide gras insaturé dont les atomes d'hydrogènes situés de part et d'autre de la double liaison carbone–carbone ne sont pas du même côté. Cette configuration est rencontrée dans les graisses animales et les corps gras hydrogénés artificiellement. Cette configuration n'existe pas dans les acides gras insaturés des plantes.

Adventice *(weed)* : plante, souvent indésirable, qui colonise un territoire à la suite d'une introduction accidentelle.

Aflatoxine *(aflatoxin)* : toxine produite par *Aspergillus flavus*, champignon pouvant se développer sur les palmistes, considérée comme cancérigène.

Allogamie *(allogamy)* : pollinisation d'une fleur par le pollen d'une autre fleur. Régime de reproduction dans lequel des individus différents se croisent les uns avec les autres (ant. : autogamie).

Andainage *(winrowing)* : action d'aligner les végétaux coupés ou les débris végétaux en cordon de façon à permettre leur séchage ou à libérer le passage.

Anthèse *(anthesis)* : stade d'épanouissement de la fleur.

Apex *(apex)* : partie pointue d'un organe ; par extension, désigne la zone dont fait partie le méristème apical.

Autogamie *(autogamy)* : pollinisation d'une fleur par le pollen de la même fleur. Régime de reproduction dans lequel les descendants sont identiques aux parents (ant. : allogamie).

Auxine *(auxin)* : hormone végétale responsable de la croissance des coléoptiles ou des tiges. Selon sa concentration, elle peut avoir des effets stimulants ou inhibiteurs.

Biocénose *(biocoenose)* : groupement d'êtres vivants dont la composition, le nombre des espèces et celui des individus reflètent certaines conditions moyennes du milieu. Ces êtres sont liés par une dépendance réciproque.

Bouquet foliaire *(leaf crown)* : groupement de feuilles au sommet du stipe caractéristique chez de nombreuses palmales dont le palmier à huile.

Bractée *(bract)* : petite feuille à la base du pédoncule de la fleur.

Cal nodulaire *(noduleous callus)* : cal cellulaire en forme de petite boule, bien délimité, obtenu sur les fragments de folioles. Précurseur recherché des embryoïdes en multiplication végétative du palmier à huile.

Carpophore *(fruiting body)* : partie visible des champignons basidiomycètes.

Caryotype *(karyotype)* : représentation la plus complète possible des chromosomes d'une cellule eucaryotique. Par extension, formule chromosomique d'un être vivant de la forme $2n = xx$.

Chicot pétiolaire *(stump)* : vestige de la base du pétiole de la palme après la coupe de celle-ci. Ces chicots ont tendance à rester adhérents au stipe jusque vers 15-16 ans, puis ils tombent au sol après leur complet dessèchement.

Chlorose *(chlorosis)* : disparition de la chlorophylle de la plante, provoquant son jaunissement. Elle peut être due à des facteurs abiotiques ou biotiques.

Colonne tronconique *(part of a truncated cone)* : volume cylindrique régulier dont le diamètre à la base est plus large qu'au sommet.

Complantation *(underplanting)* : technique de replantation d'une palmeraie qui consiste à planter la nouvelle génération de palmiers entre les palmiers de la génération précédente. Ceux-ci sont en général éliminés par empoisonnement, en une ou deux périodes avant la mise en récolte de la nouvelle génération. Cette technique est souvent désastreuse sur des parcelles ayant des antécédents à *Ganoderma* ou à fusariose. Elle est néanmoins utilisée par certaines compagnies pour éviter de mettre en place une jachère qui pourrait interrompre leur droit d'usage des sols.

Corps gras concrets *(fats)* : graisses malléables ou solides à température ambiante.

Coutres *(coulter)* : pointes d'acier en forme de couteau entaillant le sol devant les dents ou les disques de la sous-soleuse.

Cystéine *(cystein)* : acide aminé soufré servant de chaînon entre deux chaînes protéiniques.

Cytochrome oxydase *(cytochrome oxydase)* : enzyme mitochondriale servant à la respiration, responsable des oxydations cellulaires chez les êtres vivants cellulaires.

Déficit hydrique *(water deficit)* : une zone est déclarée en déficit hydrique lorsque le bilan de la somme des précipitations et de la réserve en eau du sol moins l'évapotranspiration potentielle (ETP) est négatif. Sous les tropiques, l'ETP est de 5 mm par jour (soit 5 litres d'eau par m^2). Ce bilan est calculé sur une période d'un mois en général. La réserve maximale en eau du sol est estimée à 200 mm. L'ETP est de 150 mm par mois avec moins de 10 jours de pluie et de 120 mm par mois avec 10 jours et plus. Si le cumul de pluie est inférieur à 120 ou à 150 mm dans le mois, les plantes peuvent compenser en prélevant de l'eau dans la réserve. Si la réserve est épuisée, la zone est déclarée en déficit.

Développement durable *(sustainable development)* : développement qui répond aux besoins des générations du présent sans compromettre la capacité des générations futures à répondre à leurs besoins. Le développement durable est censé concilier les trois dimensions suivantes : économique, sociale et environnementale.

Dioïque *(dioecious)* : caractérise une espèce végétale dont les fleurs mâles et les fleurs femelles sont portées par les plantes différentes.

Drupe *(sessile drupe)* : fruit charnu à noyau.

Écologie marginale *(marginal ecology)* : caractérise les biocénoses spécifiques aux conditions agri-climatiques peu favorables à une culture. Pour le palmier à huile, une écologie est déclarée marginale si la climatologie est caractérisée par un déficit hydrique marqué et permanent, ou si les sols sont trop pauvres, trop pentus, etc.

Effet létal *(lethal effect)* : effet d'un agent extérieur ou intérieur à un organisme vivant qui entraîne la mort de celui-ci.

Embryogénèse somatique *(somatic embryogenesis)* : développement d'un embryon par culture *in vitro* sans l'intervention des cellules reproductrices d'un organisme.

Emottage *(clods breaking)* : action de briser les mottes du gâteau de fibres, sous-produit du pressage des fruits.

Entomophile *(entomophilous)* : caractérise la pollinisation effectuée par les insectes.

Épillet *(spikelet)* : chacun des organes secondaires constituant un épi composé comme celui du régime de palme.

Épiphyte *(epiphyte)* : végétal qui croît sur un autre sans le parasiter.

Étamine introrse *(introrse stamen)* : étamine dont l'anthère s'ouvre vers l'intérieur de la fleur.

Fasciculé *(fasciculate)* : caractérise un système racinaire disposé en faisceau au contraire des racines pivotantes

Fécondation à blanc *(blank pollination)* : en production de semences du palmier à huile, procédure de contrôle des opérations relatives à la fécondation artificielle par laquelle l'opérateur effectue une pollinisation avec un mélange de talc et de pollen inactif sans en être informé au préalable.

Feuille pennée *(pinnate leaf)* : caractérise une feuille dont les folioles sont disposées le long du rachis comme les barbes d'une plume.

Florentin *(sludge decantor)* : premier bassin de décantation statique des effluents d'huilerie.

Fumure *(manuring, fertilisation)* : engraissement d'un champ par du fumier. Par extension, engraissement d'un champ par tout type de fertilisant.

Génotype *(genotype)* : ensemble du patrimoine génétique d'un être vivant hérité de ses ascendants (voir aussi phénotype).

Gley *(gley)* : type de sol gorgé d'eau où se déroulent des phénomènes anaérobies souvent défavorables aux végétaux.

Héliophile *(heliophylous)* : qui aime le soleil. Caractérise les plantes de lumière.

Hétérosis *(heterosis)* : augmentation de la valeur d'un hybride par rapport à la valeur moyenne de ses parents.

Humifère *(humus-bearing)* : caractérise l'horizon du sol riche en humus.

Humique *(humic)* : concerne l'humus, matière organique du sol formé par la décomposition de plantes et de débris végétaux.

Hybride *(hybrid)* : provient de l'hybridation, croisement de plantes de races ou de variétés différentes.

Inflorescence *(inflorescence)* : ensemble de fleurs regroupées.

Lignifié *(lignifed)* : caractérise la modification de la membrane cellulaire d'un organisme végétal qui prend alors l'aspect du bois.

Limbe *(lamina)* : partie large et étalée de la feuille.

Lipogenèse *(lipogenesis)* : formation des corps gras organiques.

Lipolyse *(lipolysis)* : processus de destruction des graisses dans un organisme.

Lipoprotéine *(lipoprotein)* : Combinaison d'une protéine fixée à un lipide.

Lixiviation *(lixiviation)* : effet des eaux qui, traversant lentement un sol, en entraînent les éléments solubles.

Marcottage *(layering)* : technique de multiplication des plantes par laquelle une tige est mise en terre et prend racine sans être séparée de la plante-mère.

Méristème *(meristem)* : tissu végétal jeune composé de cellules à division rapide, siège de la croissance de la plante ou de l'un de ses organes.

Métabolisme auxinique *(auxin metabolism)* : ensemble des processus de transformation des auxines permettant leur inactivation.

Méthionine *(methyonin)* : acide aminé soufré indispensable à la synthèse des protéines chez les animaux.

Miscella *(miscella)* : solution d'huile et de solvant.

Monoïque *(monoecious)* : caractérise une plante qui porte à la fois des fleurs mâles et des fleurs femelles (ant. : dioïque).

Mycorhize *(mycorrhiza)* : association symbiotique entre le mycélium d'un champignon et les racines d'une plante. On distingue les ectomycorhizes dont les hyphes du champignon (ascomycète ou basidomycète) restent extérieures aux cellules de la racine et les endomycorhizes dont les hyphes du champignon (glomales) s'introduisent entre les cellules corticales et pénètrent dans les cellules sans provoquer de déformation des racines.

Myristoylation *(myristoylation)* : accrochage d'une molécule d'acide myris-

tique sur une chaîne protéique, début de la synthèse des lipoprotéines.

Obduction *(obduction)* : chevauchement d'une croûte terrestre continentale par une croûte océanique.

Oléine de palme *(palm olein)* : fraction riche en acides gras insaturés issue du raffinage de l'huile de palme.

Palmiste *(kernel)* : amande très dure contenue dans la noix de palme. On en extrait une huile comestible dont la composition est proche de celle de l'huile de coprah.

Parenchyme *(parenchyma)* : chez les plantes, tissu cellulaire peu spécialisé constitué de grandes cellules arrondies.

Parthénocarpique *(parthenocarpic)* : fruit qui s'est développé sans l'intervention de la fécondation ou de la pollinisation.

Percolat *(percolate)* : fraction de l'eau de pluie qui s'infiltre dans le sol.

Péricycle *(pericycle)* : assise cellulaire en forme de manchon localisée entre l'écorce et le cylindre central dans une tige ou une racine.

Pétiole *(petiole)* : partie de la feuille reliant le rachis au stipe.

Phénotype *(phenotype)* : ensemble des caractères observables d'un individu. Le phénotype résulte de l'interaction entre l'information génétique de l'individu (génotype) et le milieu dans lequel il se trouve.

Phospholipide *(phospholipid)* : lipide contenant du phosphate.

Phosphorylation oxydative *(oxydative phosphorylation)* : réaction de fixation d'un radical phosphate sur une molécule organique. La phosphorylation de l'adénosine di-phosphate (ADP) en adénosine triphosphate (ATP) est essentielle pour la vie (transfert mitochondrial d'électrons).

Photosystème *(photo-system)* : ensemble du pigment-chlorophylle piège-donneur d'électrons-accepteur d'électrons qui est à la base de la captation de l'énergie lumineuse nécessaire à la biosynthèse et l'activité des cellules des plantes. Chez les plantes, il y a deux photosystèmes en cascade qui assurent la photosynthèse.

Pneumatophore *(pneumatophore)* : racine ou portion de racine à croissance ascendante typiquement observée sur des plantes vivant dans des sols plus ou moins asphyxiés. Ils permettraient une aération de l'organe.

Production de croisière *(mature stage production)* : production d'une palmeraie à l'âge adulte en conditions environnementales stables.

Rachis *(rachis)* : partie axiale de la feuille du palmier qui porte les folioles. Partie axiale du régime de fruits du palmier qui porte les épillets.

Radicule *(radicle)* : racine primordiale de la plantule.

Rafle *(empty bunch)* : partie du régime de palme obtenue après le passage de celui-ci dans l'égrappoir. La rafle est constituée par le rachis du régime et des épillets débarrassés de leurs fruits.

Ravageur *(pest)* : animaux qui provoquent des dégâts importants sur les cultures notamment pour se nourrir.

Régime de palme *(bunch)* : chez le palmier à huile, nom communément donné à l'inflorescence femelle lorsque les fleurs ont commencé à se développer en fruits après l'anthèse.

Réseau de layonnage *(transect network)* : réseau de sentiers créés pour l'établissement des cartes nécessaires aux études liées à la création de nouvelles plantations.

Rhizomateux *(rhizomatous)* : en forme de rhizome, c'est-à-dire une tige souterraine de plantes vivaces portant des racines adventives et des tiges feuillées aériennes.

Sélection massale *(mass selection)* : méthode de sélection des végétaux ou des animaux fondée sur l'observation de la valeur propre des individus.

Sénescence *(senescence)* : ensemble des processus physiologiques par lesquels un organe ou un sujet évolue de la pleine vigueur vers un état de vie de moins en moins efficient (syn. : vieillissement).

Sessile *(sessil)* : qualifie un organe (feuille, fleur ou fruit) sans pétiole, pédoncule ou pédicelle.

Spadice *(spadix)* : inflorescence à axe charnu en forme d'épi plus ou moins complexe entourée d'une ou plusieurs grandes bractées coriaces.

Spathe *(spathe)* : grande bractée qui enveloppe le spadice chez les palmiers.

Spire *(helix)* : lignes imaginaires qui suivent le positionnement des feuilles émises successivement. La spire la plus utilisée chez le palmier est la spire d'ordre 8. Il y en a donc 8 chez le palmier à huile. Elle « tourne » indifféremment à droite ou à gauche. La spire 1 permet de repérer les feuilles 1, 9, 17, 25, 34 et 43 dans la couronne.

Stéarine *(stearin)* : ester du glycérol et de l'acide stéarique.

Stipe *(stipe, stalk)* : tige ligneuse des plantes monocotylédones arborescentes et des fougères. Cette tige ne se ramifie pas chez le palmier à huile, sauf accident de végétation.

Stomate *(stomata)* : ouverture naturelle sur l'épiderme de feuilles ou de la tige qui assure certains échange avec le milieu extérieur (respiration, excrétion).

Suçoir *(suctorial organ)* : organe développé par l'embryon qui lui permet de prélever ses nutriments dans l'albumen lors des premiers stades de sa croissance.

Tank *(tank)* : citerne cylindrique métallique de grandes dimensions servant, dans ce cas précis, à stocker l'huile de palme finie.

Terrasse mécanique *(mechanical terrace)* : terrasse continue réalisée avec un engin de travaux publics comme un excavateur ou un bull-dozer. Pour qu'elle soit la plus plane possible, le tracé doit prendre en considération la topographie.

Terre de barre *(sort of lateritic soil)* : type de sol développé sur des latérites caractéristiques de certaines zones tropicales peu fertiles.

Théodolite *(theodolite)* : instrument de visée muni d'une lunette permettant de mesurer des angles horizontaux et verticaux afin de lever des plans précis.

Tribu *(tribe)* : subdivision de la sous-famille correspondant au groupe supérieur au genre.

Triglycérines *(triglycerin)* : trialcools extraits des corps gras.

Tropisme *(tropism)* : réaction d'orientation sans locomotion véritable ou de croissance orientée sous l'influence d'un facteur externe comme par exemple la lumière (phototropisme).

Véraison *(veraison)* : stade de l'évolution du fruit pendant lequel celui-ci commence à changer de couleur. Marque le début de la maturation.

Bibliographie

Altieri M.A., 1991. Increasing biodiversity to improve insect pest management in agro-ecosystems. *In: The Biodiversity of Microorganisms and Invertebrates: its Role in Sustainable Agriculture* (D.L. Hawksworth, ed.), CAB International, Oxfordshire, UK.

Anon. 1998. Kyoto protocol to the United Nations Framework convention on climate change. United Nations. 21 p.

Anon., 2003a. Social Impact Assessment, International Principles, IAIA, Special Publication Series no 2, May 2003.
www.iaia.org/publicdocuments/special-publications/SP2.pdf

Anon., 2003b. Small-scale palm oil processing in West Africa. *FAO Agricultural Services Bulletin,* 148.

Anon., 2005a. *Strategy and Action Plan for Sustainable Management of Peatlands in ASEAN Member Countries. Final draft.* ASEAN Peatland Management Initiative, ASEAN Secretary, Kuala Lumpur, Malaysia, 24 p.

Anon., 2006. *Guidelines for Environmental and Social Assessment.* Millennium Challenge Corporation, USA, October 2006. www.mcc.gov/documents/guidance/20-enviroand-socialassessment.pdf

Anon., 2007a. *Perspectives de la population mondiale. La révision de 2006.* Département des affaires économiques et sociales, Nations Unies. Document ST/ESA/SER.A./261/ES.

Anon., 2007. *Overview of RSPO.* Roundtable on Sustainable Palm Oil, RSPO Factsheet, September 2007.

Ariffin D., Basri M.W., 2000. Intensive IPM for management of Oil Palm Pests. *PORIM Bulletin,* 41, 1-14.

ARSAP, 1984. *ARSAP Safety Guide for Pesticide Retail Distributors and Shopkeepers.* Agricultural Requisites Scheme for Asia and the Pacific (ARSAP), a Project of the United Nations ESCAP Rural Development Section, Bangkok, Thailand.

Asmady H., Jacquemard J.-C., Hayun H.Z., Indra S., Durand-Gasselin T., 2002. Variety output and oil palm (*Elaeis guineensis* Jacq.) improvement: the P.T. Socfin Indonesia example. *In : International Oil Palm Conference,* 8-12 July 2002, Bali, Indonesia.

Asna B.O., Ho H.L., 2005. Managing invasive species: The threat to oil palm and rubber. The Malaysian plant quarantine regulatory perspective. *In: The Unwelcome Guests. Proceedings of the Asia Pacific Forest Invasive Species Conference,* 17-23 August 2003, Kunming, China (Mc Kenzie P., Brown C., Jianghua S., Jian W., eds.), FAO, Bangkok, Thailand. www.fao.org/docrep/008/ae944e/ae944e05.htm

Asselineau J., Entressangles B., Mandel P., 2010. *Lipides.* Encyclopedia Universalis, Paris, France.

Azhar B., Zakaria M., Puan Chong Leong, 2007. Estimating the island population density and abundance of red junglefowl (*Gallus gallus*): biological indicator for sustainable managed oil palm plantations. *Malaysian Nature Journal,* 59 (4), 281-296.

Barradas Paciencia M.L., Prado J., 2005. Effects of forest fragmentation on pteridophyte diversity in a tropical rain forest in Brazil. *Plant Ecology*, 180, 87-104.

Baskett J.P.C., Jacquemard J.-C., Durand-Gasselin T., Suryana E., Zaelanie H., Dermawan E., 2008. Planting material as key input for sustainable palm oil. *Journal for Oil Palm Research*, 20, 102-114.

Basri M.W., Simon S., Ravigadevi S., Othman A., 1999. Beneficial plants for the natural enemies of the bagworm in oil palm plantations. *In: Proceedings of the 1999 PORIM International Palm Oil Congress* (Ariffin D., Chan K.W., Sharifah S.R.S.A., eds.), PORIM, Kuala Lumpur, Malaysia, 165-179.

Bateman I.J., Fisher B., Fitzherbert E., Glew D., Naidoo R., 2010. Tigers, markets and palm oil: market potential for conservation. *Oryx*, 44 (2), 230-234.

Beauchamp E., Rioux V., Legrand P., 2009. Acide myristique : nouvelles fonctions de régulation et de signalisation. *Médecine/Science*, 25 (1), 57-63.

Betitis S., Lord S., 2009. Spatial data manipulation and analysis on trials data: an alternative approach. *In: Proceedings of Agriculture, Biotechnology & Sustainability Conference*. 9-12 November 2009, Kuala Lumpur, Malaysia.

Bonnerot G., Joly F., 2010. *Cartographie*. Encyclopedia Universalis, Paris.

Bressol E., 2006. Les enjeux de l'après-Kyoto. Journal officiel de la République française, avis et rapports du Conseil économique et social. 83 p.

Brühl C.A., Eltz T., 2010. Fuelling the biodiversity crisis: species loss of ground-dwelling forest ants in oil palm plantations in Sabah, Malaysia (Borneo). *Biodiversity and Conservation*, 19 (2), 519-529.

Buckland H., 2005. *The oil for ape scandal: how palm oil is threatening the orang-utan survival.* London, Friends of the Earth Trust. www.foe.co.uk/resource/reports/oil_for_ape_full.pdf

Chan K.W., 2005. Best-developed practices and sustainable development of the oil palm industry. *Journal of Oil Palm Research*, 17 (December), 124-135.

Cheriachangel M., 1998. The introduction and establishment of a new leguminous cover crop, *Mucuna bracteata* under oil palm in Malaysia. *The Planter*, 74 (868), 359-368.

Chew T.L., Bhatia S., 2008. Catalytic processes towards the production of biofuels in a palm oil and oil palm biomass-based biorefinery. *Bioresource Technology*, 99 (17), 7911-7922.

Cochard B., Adon B., Kouamé Kouamé R., Durand-Gasselin T., Amblard P., 2001. Advantages of improved commercial palm oil (*Elaeis guineensis* Jacq.) seeds. *Oléagineux, Corps Gras, Lipides*, 8 (6), 654-658.

Corley R.H.V., Tinker P.B., 2003. *The Oil Palm.* 4th edition. Blackwell Science Ltd, Oxford, U.K., 592 p.

de Man R., 2002. *A Round Table on Sustainable Palm Oil. Preparatory Meeti*ng. London, September 20, 2002. www.rdeman.nl/site/dowload/Palmoillondon.pdf

Demol J. (éd.), 2002. *Amélioration des plantes. Application aux principales espèces cultivées en région tropicales.*

Presses agronomiques de Gembloux, Gembloux, Belgique, 581 p.

Di Costanzo G., 2010. *Acides gras indispensables*. Encyclopedia Universalis, Paris.

Donald P.F., 2004. Biodiversity impacts of some agricultural commodity production systems. *Conservation Biology*, 18 (1), 17-37.

Dufour O., Olivin J., 1985. Evolution des sols de plantation de palmier à huile sur savane. *Oléagineux*, 40 (3), 113-123.

Durand-Gasselin T., Kouamé Kouamé R., Cochard B., Adon B., Amblard P., 2000. Dissemination of oil palm (*Elaeis guineensis* Jacq.) varieties. *Oléagineux, Corps Gras, Lipides*, 7 (2), 207-214.

Edem D.O., 2002. Palm oil: bio-chemical, physiological, nutritional, haematological and toxicological aspects: a review. *Plant Food for Human Nutrition*, 57, 319-341.

Ekine D.I., Onu M.E., 2008. Economics of small-scale palm oil processing in Ikwerre and Etche local government areas of Rivers State, Nigeria. *Journal of Agriculture and Social Research*, 8 (2), 150-158.

Fairhurst T., Härdter R., 2003. *Oil Palm – Management for Large and Sustainable Yields*. Potash and Phosphate Institute, Potash and Phosphate Institute of Canada and International Potash Institute, Basel, Switzerland.

Fait A., Iversen B., Tiramani M., Visentin S., Maroni M., 2004. *Prévention des risques pour la santé liés à l'utilisation des pesticides dans l'agriculture*. OMS, International Centre for Pesticide Safety, Busto Garolfo, Italie.

FAO, 1990. *Guidelines for Personal Protection when Working with Pesticides in Tropical Climates*. FAO, Rome, Italie. www.bvsde.paho.org/bvstox/i/full-text/fao14/fao.14.pdf

Fitzherbert E.B., Struebig M.J., Morel A., Danielsen F., Brühl C.A., Donald P.F., Phalan B., 2008. How will oil palm expansion affect bio-diversity? *Trends in Ecology and Evolution*, 33 (10), 538-545.

Foster H., 2009 Comparaison compost et engrais chimiques. Communication personnelle.

Fournier F., Hénin S., 2010. *Sols-Érosion*. Encyclopedia Universalis, Paris, France.

Fry J., 2009. The outlook for palm oil in the context of global commodity markets. *In: Proceedings of Agriculture, Biotechnology & Sustainability Conference*. 9-12 November 2009, Kuala Lumpur, Malaysia.

Graille J., Pina M., 1999. L'huile de palme : sa place dans l'alimentation humaine. *Plantations, Recherche, Développement*, 6 (2), 85-93.

Guesnet P., Allessandri J.-M., Astorg P., Pifferi F., Lavialle M., 2005. Les rôles physiologiques majeurs exercés par les acides gras polyinsaturés (AGPI). *Oléagineux, Corps Gras, Lipides*, 12, 333-343.

Gurmit Singh, Lim K.H., Teo Leng, Chan K.W., 2009. *Sustainable Production of Palm Oil – a Malaysian perspective*. Malaysian Palm Oil Association, Kuala Lumpur, Malaysia.

Habib R., Nicolas D., Jacquemard J.-C., Omont H., 2007. Les filières agricoles dans une vision globale de l'agriculture à l'horizon 2100. *In: Conference on Plantation Commodities,* 3-4 July 2007, Kuala Lumpur, Malaysia.

Hai T., Sang T., 2007. A management system for sustainable palm oil production. *The Planter,* 83 (976), 461-472.

Heller R., Jacquot R., Moyse A., 2010. *Nutrition.* Encyclopedia Universalis, Paris, France.

Heri Santoso Sigit Sutarta E., 2010. Predicting Oil Palm productivity with Landsat TM5 imagery. *In: International Oil Palm Conference. Transforming Oil Palm Industry,* 1-3 June 2010, Yogyakarta, Indonesia. Yogyyakarta, Indonesia.

Howard F.W., Moore D., Giblin-Davis R.M., Abad R.G., 2001. *Insects on Palms.* CABI Publishing, Oxfordshire, UK, 400 p.

http://www.i-dietetique.com (2009). Les graisses saturées sous la loupe.

http://www.i-dietetique.com (2011). Peurs alimentaires : quelles conséquences sur la santé de nos enfants ?

ISO management systems (www.iso.org).

Jacquemard J.-C., 1995. *Le palmier à huile.* Collection Le Technicien d'Agriculture Tropicale. Éd. Maisonneuve et Larose, Paris, France.

Jacquemard J.-C., 2006. Birds observed at Aek Loba Estate. Rapport interne Cirad, France.

Jacquemard J.-C., Tailliez B., Dadang K., Ouvrier M., Asmady H., 2002. Oil palm (*Elaeis guineensis* Jacq.) nutrition: Planting material effect. *In: International Oil Palm Conference and Exhibition.* 08-12 July 2002, Bali, Indonesia.

Jacquemard J.-C., Edyana Suryana H., Dadang K., Tailliez B., 2006. Expression of boron deficiency symptoms and link with the genotype in oil palm (*Elaeis guineensis* Jacq.). *In: Agriculture-Optimum Use of Resources: Challenges and Opportunities for Sustainable Oil Palm Development, International Oil Palm Conference,* 19-23 June 2006, Bali, Indonesia.

Kamarudin N., Arshad O., 2006. Potentials of using the pheromone trap for monitoring and controlling the bagworm, *Metisa plana* Wlk (Lepidoptera: Psychidae) on young oil palm in a smallholder plantation. *Journal of Asia-Pacific Entomology,* 9 (3), 281-285.

Kasser M., 2010. *Système d'information géographique.* Encyclopedia Universalis, Paris, France.

King F.B., Dickinson E.C., 1975. *Birds of Southeast Asia.* Periplus Nature Guides, Periplus, Singapore.

Koh L.P., Ghazoul J., 2010. Spatially explicit scenario analysis for reconciling agricultural expansion, forest protection and carbon conservation in Indonesia. *In: Proceedings of the National Academy of Sciences,* 107 (24), 11140-11144.

Koh L.P., Wilcove D.S., 2008. Oil Palm: disinformation enables deforestation. *Trends in Ecology and Evolution,* 24 (2), 67-68.

Lamade E., Setiyo E., 1996. Variations de la photosynthèse maximale du palmier à huile en Indonésie : comparaison de trois clones à morphologie contrastée. *Plantations, Recherche, Développement,* 3 (6), 429-438.

Lamade E., Bonnot F., Pamin K., Setiyo E., 1998. Quantitative approach of oil palm phenology in different environments for the La Me Deli and Yangambi materials investigations in the inflorescence cycle process. *In: International Oil Palm Conference. Commodity of the Past, Today, and the Future* (Jatmika A. *et al.*, eds), 23-25 September 1998, Bali, Indonesia.

Le Goazigo M., Millot G., 2010. *Les argiles*. Encyclopedia Universalis, Paris, France.

Lelong C., Roger J.-M., Brégand S., Dubertret F., Lanore M., Sitorus N.A., Raharjo D.A., Caliman J.P., 2009. Potentialities of very high resolution remote sensing for the estimation of oil palm Leaf Area Index. *In*: *Proceedings of Agriculture, Biotechnology & Sustainability Conference.* 9-12 November 2009, Kuala Lumpur, Malaysia.

Mariau D., 2000a. *Les ravageurs du palmier à huile et du cocotier.* Cirad, Montpellier, France.

Mariau D., 2000b. *La faune du palmier à huile et du cocotier -1. Les lépidoptères et les hémiptères ainsi que leurs ennemis naturels.* Collection les Bibliographies du Cirad 13, Cirad, Montpellier, France.

Mariau D., 2000c. *La faune du palmier à huile et du cocotier -2. Les coléoptères, les orthoptères, les phasmidés, les isoptères, les thysanoptères, les hyménoptères et les acariens ainsi que leurs ennemis naturels.* Collection les Bibliographies du Cirad 14, Cirad, Montpellier, France.

Martin G., 1977. Quelques données pratiques de fertilisation du palmier à huile – les engrais simples. *Oléagineux*, 32 (12), 519-522.

Mohd Arif Simeh, 2005. Oil palm planting in marginal soils: selected cases. *Oil Palm Bulletin*, 50 (May), 24-30.

Monnier G., 2010. *Sols, propriétés physiques et mécaniques.* Encyclodedia Universalis, Paris, France.

Morin O., 2005. Acides gras trans : récents développements. *Oléagineux, Corps Gras, Lipides,* 12 (5-6), 414-421.

Moslim R., Wahid M.B., Ramlah S.A., Kamarudin N., 2004. The effect of oils on germination of *Beauveria bassiana* (Balsamo) Vuillemin and its infection against the oil palm bagworm, *Metisa plana* (Walker). *Journal of Oil Palm Research*, 16 (2), 78-87.

Normua F., Higashi S., Ambu L., Maryati M., 2004. Notes on oil palm plantation use and seasonal spatial relationships of sun bears in Sabah, Malaysia. *Ursus*, 15 (2), 227-231.

Noël J.M., Ecker P., Rouzière A., Graille J., Pina M., 1997. Drupalm® : nouveau procédé pour les huileries de palme. *Plantations, Recherche, Développement,* 4 (3), 175-179.

Olivin J., 1986a. Etude pour la localisation d'une plantation industrielle de palmiers à huile. I. *Oléagineux,* 46 (3), 115-118.

Olivin J., 1986b. Etude pour la localisation d'une plantation industrielle de palmiers à huile. II. *Oléagineux,* 46 (4), 175-182.

Omont H., 2010. Contributions de la production d'huile de palme au développement durable. Problématique générale, controverses. *Oléagineux, Corps Gras, Lipides,* 17 (6), 362-367.

Pantzaris T.P., Basiron Y., 2002. The lauric (coconut and palmkernel) oils. *In: Vegetable Oils in Food Technology: Composition, Properties and Uses* (Gunstone F.D., ed.). Blackwell Publishing, Oxford, UK, 157-202.

Paramananthan S., 2003. Land selection for oil palm. *In: The Oil Palm. Management for Large and Sustainable Yields* (Fairhurst T., Härdter R., eds.), Potash and Phosphate Institute, International Potash Institute, Singapore, 27-57.

Parlat S.S., Citil O.B., Yildirim I., 2010. Effects of dietary fats or oil supplementations on fatty acid composition of yolk of brown eggs. *Asian Journal of Chemistry,* 22 (2), 1445-1452.

Ramli R., Hashim R., Sofian-Azirun M., Norma-Rashid Y., 2006. *Birds of Carey Island.* Golden Hope Plantation Berhad and Institute of Biological Sciences, Kuala Lumpur, Malaysia.

Rankine I., Fairhurst T., 1999. *Nursery.* Oil Palm Series, 4. Potash and Phosphate Institute, International Potash Institute, Singapore and Agrisoft Systems Pte Ltd., Australia.

Renard J.L., de Franqueville H., 1989. La pourriture sèche du cœur du palmier à huile. *Oléagineux,* 44 (2), 87-92.

Retno Wulan T., Atmadilaga A.H., Wibisono Y., 2010. Utilization of remote sensing images for development monitoring palm oil land (*Elaeis guineensis* Jacq.). *In: International Oil Palm Conference. Transforming Oil Palm Industry.* 1-3 June 2010, Yogyakarta, Indonesia.

Riba G., Sforza R., Silvy C., 2010. *La Lutte biologique.* Encyclopedia Universalis, Paris.

Ridinger N., Thévenot C., 2008. La norme ISO 14001 est-elle efficace ? Une étude économétrique sur l'industrie française. *Économie et Statistique,* 411, 3-19.

Roundtable for Sustainable Palm Oil (www.rspo.org).

RSPO, 2005. RSPO Principles and Criteria for Sustainable Palm Oil Production; Public release version. Round Table on Sustainable Palm Oil.

www.rspo.org/?q=page/513

Thoenes P., 2006. *Medium-term Supply and Demand Projections for the Oilseeds Complex.* FAO, Commodities and Trade Division, Rome, Italie.

Tohiruddin L., Prabowo N.E., Foster H.L., 2006. Comparison of the response of oil palm to fertilizer at different location in North and South Sumatra. *In: Agriculture-Optimum Use of Resources: Challenges and Opportunities for Sustainable Oil Palm Development, International Oil Palm Conference.* 19- 23 June 2006, Bali, Indonesia.

Turner P.D., Gillbanks R.A., 2003. *Oil palm cultivation and management* (second edition). Inc. Society of Planters, Kuala Lumpur, Malaysia.

Ucciani E., 2010. *Corps gras.* Encyclopedia Universalis, Paris, France.

United Plantations Berhad, 2007. Annual report 2007.

USDA, Oil crops Outlook Report and yearbook, 2010.

USDA, Oilseeds: World markets and trade, FAS. Circular series FOP 1-11, April 2011.

Vaysse C., Billeaud C., Guesnet P., Couëdelo L., Alessandri J.-M., Putet G., Combe N., 2009. Teneurs en acides gras polyinsaturés essentiels du lait maternel en France : évolution du contenu en acides linoléique et alphalinolénique au cours des dix dernières années. *Oléagineux, Corps Gras, Lipides,* 16 (1), 4-7.

Webb M.J., 2009. A conceptual framework for determining economically optimal fertilizer use in oil palm plantations with factorial fertilizer trials. *Nutrient Cycling in Agroecosystems*, 83, 163-178.

Whitten J., Compost A., 1998. *Tropical wildlife of Malaysia & Southeast Asia.* Periplus Nature Guides, Periplus, Singapore.

Whitten T., Damanik S.J., Anwar J., Hisyam N., 2000. *The Ecology of Sumatra*. The Ecology of Indonesia series, 1. Periplus, Singapore.

Wiratmoko D., Rahutomo S., Winarna, 2010. Advance analysis of land suitability class for oil palm using remote senses and geographic information systems. *In: International Oil Palm Conference. Transforming Oil Palm Industry,* 1-3 June 2010, Yogyakarta, Indonesia.

World Commission on Environment and Development, 1987. *Our Common Future*. Oxford paperback, Oxford University Press, Oxford, UK, 416 p.

Zakaria M., Arshad M.I., Sajap A.S., 2003. Population size of Red Junglefowl (*Gallus gallus spadiceum*) in agriculture areas. *Pakistan Journal of Science and Industrial Research*, 46 (1), 52-57.

Index

ω3 190, 214, 215, 216

ω6 190, 213, 214, 215, 216, 217, 218

abattage des palmiers 83, 113, 117, 142

ablation 122

acarien 118, 128, 160

acide gras saturé 15, 196, 214, 215, 216, 217

Acridoteres tristis 155

activités de subsistance 53

Afrique tropicale 15, 33, 44, 59, 88, 103, 107, 116, 118, 126, 128, 139, 152

agouti 118

agro-écosystème 169

Alachlore 170

albumen 98

Aldicarbe 170

Aldrine 170

α-hexachlorocyclohexane 170

aluminium 40, 48, 74, 136, 174

aménagement du terrain 16, 34, 51, 69, 85

Amérique du Sud (ou Amérique latine) 13, 59, 84, 88, 104, 107, 113, 117, 118, 126, 128, 139, 168, 183

amplification (des croisements) 61

andainage 16, 79, 80, 84, 85, 113

anneau rouge 118

Antigonon leptopus 88

anti-oxydant 197

apex végétatif 29

Aplonis panayensis 155

aptitude à la combinaison 57

Ascomycète 224

Asie du Sud-Est 10, 15, 22, 33, 42, 49, 70, 83, 88, 101, 104, 107, 111, 116, 119, 124, 126, 128, 131, 133, 134, 138, 141, 153, 154, 168, 196, 198, 200, 208

assimilation nette maximale 36

assimilation photosynthétique 126

Asystasia sp. 87, 88, 125

athérosclérose 215, 216

aulacode 118, 153

autofécondation 61

avortement 30, 35, 49, 149, 165

Azinphos-methyl 170

azote 15, 33, 44, 59, 88, 103, 107, 116, 118, 126, 128, 139, 152

balance énergétique 215, 216

Bangladesh 10

Basidiomycètes 74

Beauveria bassiana 231

β-hexachlorocyclohexane 170

bilan carboné 35

biocarburant, biodiesel 12, 14, 55, 197, 198

biocénose 168

biodiversité 15, 16, 18, 67, 69, 78, 87, 117, 125, 167, 168, 169

blast 105, 107, 108, 118, 146, 147

bons gestes 210

bore 32, 40, 43, 46, 47, 48, 119, 120

Bornéo 33, 72, 154

Bracharia sp. 88

Brésil 21, 49, 50, 56, 155

broyage 182, 192

bulbe 23, 24, 43

calcium 32, 40, 44, 46, 47, 74, 192, 218

calendrier cultural 96

Callosciurus sp. 155

Calopogonium sp. 88

Cameroun 56, 183

cancer 215, 217

capacité horaire 177

Caraïbes 13

Carapygus atratus 155

carbone 32, 67, 74, 192, 201, 214, 216, 217

carence énergétique 215

cartographie assistée par ordinateur 143

cartographie géo-référencée 70

Cassia cobanensis 88

castration 122

CEC, capacité d'échange de cations 32, 74, 75

cellulose 200

Centrosema pubescens 88

Cercospora elaeidis, cercosporiose 107, 118

certification 17, 51, 59, 61, 67, 89, 96, 203

charge polluante 193

charrue billonneuse 86

chauffoir vertical 182

chenilles défoliatrices 101, 109, 152

Chine 10, 17

Chlordane 170

Chlordecone 170

cholestérol 214, 216

chrome 75

Chromolaena odorata 42, 87, 88, 116, 125

climatologie 33, 42, 130

C/N 32, 74

Coléoptères 152

collecte de régime 138, 141

colonne de défibrage 181

compétition (du palmier avec d'autres facteurs) 40, 85, 122, 167, 169

compost 39, 73, 99, 104, 106, 131, 192, 199

concassage 182

conditionnement des graines 95

conditions de travail 53, 204

consanguinité 60

consommation de corps gras 13, 14

consommation humaine 195

consultation publique 52, 53

Convention de Rotterdam 170

Convention de Stockholm 170

corbeau des maisons 155

corbeau-pie 155

corneille à large bec 155

corps gras cachés 213

corps gras visibles 213

Corvus sp. 155

croissance lente (variété à) 55

Crotalaria zanzibarica 88, 146

cuivre 32, 33, 40, 44, 49, 50, 205

culture associée, culture vivrière 68, 103, 122

Curvularia sp. 101, 107, 118

cycle de sélection 56

cyclone 181

cylindre central 24, 224

Cymbopogon sp. 86

Dasymys sp. 153

DDT 170

décantation dynamique 180

déficience en azote 42, 100

déficience en phosphore 43

déficience en magnésium 33, 44, 47

déficience en potassium 33, 44

déficit hydrique 22, 30, 35, 44, 72, 96, 133

déforestation 15

démariage 105

densité (de plantation) 22, 55, 79, 81, 83, 115, 117, 122, 134, 137, 142, 168

désherbage 100, 104, 124

Desmodium ovalifolium 88

désombrage 101

développement durable 15, 55, 59, 77, 78, 83, 142, 171, 174, 198

diagnostic foliaire, rachis 41, 129, 142

drainage 33, 42, 72, 74, 78, 85, 99

droit social 53

Drupalm® 184

dura 28, 60

durée de vie économique 22, 142

écologie marginale 35

écorce 24

écureuil 155

efficacité potentielle de l'huilerie 186

efficacité réelle de l'huilerie 186

efficience photosynthétique 36

égrappage 135, 178, 184, 187, 191

Elaeidobius kamerunicus 28, 29, 37, 168

Elaeis oleifera 21

élagage 16, 73, 123, 124, 126, 138, 173

Elephas sp. 154

Eleusine indica 88

élevage 123

embryon 28, 30, 65, 98

endiguement 79

Endosulfan 170

Endrine 170

engrais composé 107, 132, 204

entretien manuel 115

épandage de rafles 131, 192

Epixerus ebii 155

Équateur 21, 33

érosion 39, 73, 86, 88, 125, 127, 171, 174

étourneau des Philippines 155

étude de faisabilité 69

Euphorbia heterophylla 88

évaluation agronomique 68

expérimentation internationale 56

exportation 39, 84, 172

extraction 60, 66, 124, 135, 143, 178, 179, 180, 182, 183, 185, 186, 189, 192, 193, 208

facteurs de production 34, 55, 67, 143

faune 51, 69, 70, 125, 152, 170, 205

Felis bengalensis 153

fer 32, 40 49, 74, 174

fertilisant organique 43, 100, 199

fertilisation raisonnée 16

fertilité des sols 16, 167, 171

feu 16, 83, 85

fiche technique santé 206

fongicide 108, 205

forêt 15, 68, 72, 83, 87, 167, 169, 172

formation des personnes 118, 136, 140, 203

foudre 146

fourmi 101, 113

fruit 25, 30, 47, 134, 152, 185

fruit détaché 126, 133, 134, 137, 140, 154, 186

fusariose 44, 55, 56, 81, 85, 99, 104, 115, 118, 127, 144, 168

Ganoderma 55, 56, 81, 84, 85, 99, 104, 115, 118, 127, 142, 144, 168

gaz de fermentation 200

gaz à effet de serre 87, 201

Geopelia striata 155

germe hors norme 93

germination des semences 89

Gorilla gorilla 154

gorille 154

graine germée 65, 89, 92, 93, 95, 98, 99, 103, 109, 111

graine préchauffée 93, 95

graine sèche 90, 93

graisse végétale de base 196

Gypohierax angloensis 155

Hémiptères 152

Heptachlore 170

herbicide 84, 106, 116, 168, 170, 172, 205

Homoptères 108, 146

Honduras 155

horizon de surface 85

huiles végétales
huile de colza 9, 188
huile de soja 9, 188
huile de tournesol 9, 188

huile de friture 195

huile de palme 9, 10, 11, 12, 13, 15, 16, 17, 18, 22, 39, 46, 55, 58, 63, 135, 183, 184, 185, 187, 188, 195, 196, 197, 198, 208, 216, 217, 218, 219

huile de palmiste 17, 22, 55, 182, 184, 185, 187, 188, 190, 192, 195, 196, 197

huile de table 195

huile finie 178, 181, 186

huilerie de graine 182

huilerie de palme 178, 194, 208

humidité des graines 65, 90, 92

humus 74, 172

Hydrochoerus hydrochaeris 118

hydrogénation 195, 196

hydromorphie 33, 72, 78, 85, 111, 175

Hyménoptères 160

Hystrix brachyura 153

image satellitaire 68, 69, 144

impact anthropique 167

impact environnemental 52, 69

Imperata cylindrica 42, 88, 116

incinération 191, 198

Inde 10, 17

inflorescence   24, 25, 29, 30, 35, 49, 120, 122, 134

infrastructure 77, 177

insecte pollinisateur 31, 121, 152, 168

insecticide 101, 107, 113, 152, 170, 205

interestérification 196

inventaire floristique 116

iode (indice d') 55, 187, 188

Isoptères 231

Kalimantan 87

kaolinite 74

lait de vache 196, 218

lait maternel 217, 218

layonnage 69, 70

légumineuse de couverture 42, 87

Lemniscomis sp. 153

Lépidoptères 152

lessivage 39, 106, 132, 174, 175

levée de dormance 89, 90, 95

ligne de base (piquetage) 80, 81

Lindane 170

linoléique 214, 215, 217

linolénique 214, 218

lipide de structure 213

lipogenèse 35

lixiviation 132

Loriculus galgulus 155

lutte antiérosive 16, 88

lutte biologique 145

lutte intégrée 16, 153

lutte raisonnée 145

Macaca sp., macaque 154, 155, 168

magnésium 32, 40, 42, 46, 74, 119, 131, 174, 192

maladie cardiovasculaire 216

Malaisie 9, 12, 33, 44, 107, 193, 194

malaxage 178, 179

malnutrition 215

mancozèbe 92, 93, 101, 108

Marchitez sorpresiva 118, 127

margarine 196, 213

matériel végétal 41, 44, 55, 56, 59, 63, 66, 89, 93, 101, 104, 108, 121, 123, 129, 130, 134, 139, 142, 145, 168

matière organique 32, 40, 73, 74, 84, 87, 131, 132, 171, 172, 200

maturation du régime 30

Megathyrsus maximus 117

Metisa plana 230, 231

Mikania micrantha 87, 88

Mimosa sp. 87, 88, 116

minéralisation 39, 73, 175

Mirex 170

molybdène 32, 40, 50

Monolepta marica 119

Mucuna sp. 88

multiplication végétative 29, 55, 62, 125

Musanga cecropioides 116

myristique, myristoylation 214, 224, 228

Naja sp. 153

nappe phréatique 31, 33, 34, 72, 79, 133

nickel 75

Nigeria 9, 10

niveau critique 16, 39, 41, 128, 130

obduction 75, 224

obésité 215, 216, 217

oléine 55, 188, 217, 218

ombrière 99, 108, 111

orang-outang 154, 168

Orthoptères 158

Oryctes sp. 118, 119

Ottochloa nodosa 116, 125

Pakistan 10

palmitique 214, 217, 218

Panicum sp. 88

Pan troglodytes 154

pépinière 22, 49, 93, 96, 97, 98, 99, 100, 101, 103, 111, 192

   arrosage de la pépinière 103

péricycle 24

perroquet 155

personne à risque 210, 211

pH 32, 48, 50, 74, 75, 174, 193

phase huileuse 184

phase immature 115, 127

phase solide 180, 185

phosphore 32, 33, 40, 41, 43, 46, 50, 74, 119, 175, 192

phytotoxicité 147, 153

pisifera 28, 60

plante adventice 40

   adventice nuisible 115, 116, 125

plasma sanguin 213

pluviométrie 30, 63, 67, 72, 106

point de fusion 195, 196

pollinisation assistée manuelle 30, 121

polluant 16, 52, 198

Pongo pygmaeus 154

porc-épic 153

potassium 32, 40, 41, 44, 47, 74, 119, 174, 192

pourriture du cœur 21, 108

pourriture sèche du cœur 105, 107, 118

premiers secours 203, 206, 210

préparation des semences 62

prépépinière 22, 63, 89, 93, 96, 97, 98, 103, 104, 105, 109

producteur de semences 63, 96

production mondiale 9, 10

progrès génétique 58, 59

prostaglandines 215, 216

protection individuelle 203

protocole de Kyoto 201

Psittacula longicauda 155

Psittinus cyanurus 155

Pueraria phaseolides 88

purification 180

pyrale 112, 128

Python sp. 153

qualité de la récolte 135, 138

racine 23, 28, 98, 122

radicule 93, 98, 99

rafle 44, 178, 179, 191

ration alimentaire 213

Rattus sp. 153

rayonnement photosynthétiquement actif 36

recensement 109, 134, 153

Recilia mica 108

récolte 16, 73, 77, 115, 122, 123, 125, 126, 127, 133, 138, 155, 173, 177, 186, 204, 207

recyclage 16, 39, 40, 55, 204

régime 35, 64, 65, 124, 126, 134, 135, 136, 137, 138, 141, 152, 178, 190, 199, 207, 208

replantation 39, 55, 67, 68, 70, 81, 83, 86, 116, 118, 139, 142, 167, 168, 171, 200

réseau de drainage 78, 79, 85, 86, 117

réseau routier 77, 141

réserve en eau du sol 34

résidu de pressage 181

ressource génétique 56, 58

retombée économique 53

Rhyncophorus sp. 118, 146

roche ultrabasique 75

rongeur 86, 101, 111, 112, 118, 119, 153, 205

RSPO 17, 51, 67, 83, 194

Sagalassa valida 85, 113, 119

sécurité 53, 133, 136, 137, 144, 170, 203

sélection phénotypique 57

sélection récurrente réciproque 56, 57

sentier de visite 116, 125

sexualisation 30, 35

silo à noix 181

silo à palmiste 182

Sogatella sp. 108, 146

sol 16, 28, 44, 49, 72, 73, 78, 79, 173, 175

soufre 48

station météorologique 67

stéarine 55, 188

stéarique 216, 226

Stenochlaena palustris 42

stérilisation des régimes 178

stigmate 152

stockage 29, 46, 72, 117, 201, 204, 206

stomate 31, 35, 36

Strategus sp. 118
Streptopelia sp. 155
suçoir 98
Sufetula sp. 119
suivi longitudinal 131
Sumatra 33, 36, 41, 44, 50, 87, 97, 120, 154
Sus sp. 154
système cardio-vasculaire 215
Tachyoryctes sp. *155*
tambour polisseur 181
tank 180
Temnoschoita quadripustulata 118
température 31, 55, 90, 92, 95, 179, 180, 181, 182, 183
tenera 28, 60, 91, 92
termite 101, 152
terrain accidenté 78, 140
terrasse 78, 226
test précoce 56
Thaïlande 9, 10
Thecurus crassispinis 153
Thryonomys swinderianus 153
tigelle 93, 98, 99
tête de ligne 80
Tito alba 153

tocotriénol 216, 218, 219
topographie 68, 70, 78, 81
tourbe 50, 71, 73, 78
tourterelle 155
Toxaphène 170
toxicité aluminique 75
transport en wagonnet 141
Trichis lipura 153
tri des graines germées 90
turbidité 172, 175
Turnera subulata 88
Union européenne 10
urée 132, 205
valeur culturelle 53
Varanus salvator 153
vautour 155
végétation 68, 69, 70, 88, 100, 125, 169, 171, 173
vin de palme 200
viscosité 179, 180, 196
vis émottoir 181
vitamine E 197
zinc 44, 50
zone inondable 177
zone marécageuse 68

Photo de couverture : © Jean-Charles Jacquemard
Récolte manuelle de régimes de palmier à huile (Indonésie)

Édition : Claire Parmentier
Maquette : Patricia Doucet
Infographie : Éditions Quæ
Mise en pages : Hélène Bonnet
Imprimé pour vous par Books on Demand (Allemagne)